【日】新宅广二 / 著
【日】Ishidakou / 绘
张小蜂 / 译

进化失败的动物

中国出版集团　现代出版社

前言

动物们在进化过程中会获得一些特性，其中很多会让人们感觉不可思议甚至捧腹大笑，但这些特性却是动物们从诞生于地球开始，为了能够生存下去而费尽百般手段所创造的技能。

我们人类也是动物中的一员，是不是也有拼命做事却还被嘲笑的时候呢？当你向喜欢的人表达想法时、当你面对美食时、当你走到生命的终点时……这些时候，我们总会表现出不同于平常的那个自己。有些事情我们自己觉得理所应当，但他人却不以为然。那么，我们自己的这种喜好或癖好，到底从何而来呢？

人类都尚有许多无法理解的事情，那么动物就有更多了。没有人希望自己的弱点被别人知道。我们其实能从动物的一些不可思议的行为中学到很多东西，比起把这些行

为认定为弱点，倒不如说是它们的个性，或者说是某种巨大的魅力吧！

在本书中，我们将选取这些动物的某一方面特性来介绍。当然，地球上并没有完美的物种，所有的生物都有它欠缺的地方。在阅读本书的同时，我们可以去重新审视一下自己，把那些不好的记忆放下，学会笑着面对过去和改变自己。没什么了不起的，无论是动物还是我们，每个个体身上都充满了“失败”呢！

目录

前言 2

失败动物大图集 10

第1章 无用进化大集合

狮子 鬃毛就像真皮围脖 22

驯鹿 牵着圣诞老人雪橇的驯鹿都是雌性的 24

非洲猎犬 它是最强的猎手，却常常被当作野狗 25

眼镜蛇 背后完全是视觉死角 26

日本雨蛙 虽然有一张大嘴巴，但它们通常用腹部喝水 27

长颈鹿 因为怕麻烦所以几乎不喝水 28

河马 打架时看起来战况激烈，实际上只是在比谁的嘴巴大 30

倭河马 虽然长得像河马，但不能像河马那样轻松地在水面上换气 31

蝙蝠 对食物过于挑剔，以至于快要灭绝了 32

章鱼 脑袋实际上是它的胴体 34

鹦鹉螺 它家特别狭小 35

巨骨舌鱼 巨大的鳞片被用于制作成鞋拔子 36

指猴 样貌非常恐怖，看起来像恶魔 37

鬣狗 首领是雌性，但它却有“小鸡鸡” 38

北极熊 因为天气热而变成了绿熊 40

乌鸦 虽然很聪明却很怕热 41

巨型管虫 想要放弃做动物 42

捕鸟蛛 真正的武器是身上的毛 43

树袋熊 没有被有毒的桉树叶毒死却被桉树枝杀死 44

猞猁 可以发现数百米外的猎物却因为太远而失手 46

海豹　好奇心旺盛，是动物界中最大的“路痴” 47
麋鹿　其实它是“四不像” 48
美洲豹　无论是形态、姿势还是模样，都是豹的翻版 49
虎鲸　它是海中杀手，那双恐怖的眼睛实际上是伪眼 50
大象　脸上长长的部分实际上是鼻子和上唇，所以它们无法完全闭上嘴巴 52
盲蛇　演化成了一条蚯蚓的样子 54
牙鲆　眼睛在某一天突然向对侧移动 55
蟑螂　演化得像一只瓢虫，却还是超级令人讨厌 56
眼镜熊　像戴了一副眼镜，但它却是超级近视眼 57
性格乖僻动物大集合！ 58
新宅老师的《失败动物 Q&A》 不良篇 62

第 2 章　失败行为大集合

大熊猫　便便的气味特别香 64
灵猫　我们喝猫屎咖啡的时候应该感谢椰子狸 66
巨獭　特技居然是揉粪 67
獾㹢狓　吃完饭后会舔眼眶 68
琉球兔　把孩子关进巢里就不管了 69
跳羚　得意忘形地挑衅天敌，结果却被抓住 70
藏酋猴　雄性幼猴是缓和气氛的桥梁 71
北极燕鸥　总是在寒冷的南北极间迁徙 72
鸵鸟　坐下时会把尾椎坐骨折 73
蜘蛛　喝了咖啡就会织出乱七八糟的网 74

棕熊　易发怒，忍耐力又强，性格让人捉摸不清　75
尼罗鳄　不与同伴合作就没法吃到食物　76
狼　是最棒的猎手，但常常会轻易放弃　78
刺猬　把口水涂在刺上，弄得全身臭臭的　79
臭鼩　会和孩子们像玩小火车游戏一样连成一串　80
海狮　狩猎后会做同步运动　81
海鬣蜥　游完泳后一定要甩鼻涕　82
鳖　并不是慢吞吞的动物，奔跑速度很快　83
鲫鱼　贴在大鱼身上是因为太怕寂寞　84
水虎鱼　群体行动很凶猛，单独一人时非常胆小　85
袋熊　特别喜欢追着人跑　86
日本猕猴　喜欢不停地往嘴里塞食物，经常卡住嘴巴　87
林羚　跑得快，还会用水遁隐身术来躲避天敌　88
腔棘鱼　虽然是鱼，但却用奇怪的姿势倒立着游泳　89
拥有超强武器的动物大集合！　90
新宅老师的《失败动物 Q&A》 疾病篇　94

第 3 章　约会系动物大集合

大猩猩　面对雌性时会害羞　96
短尾信天翁　花了太多时间来找对象，已经濒临灭绝了　98
蜣螂　滚着粪球来搭讪雌性　99
长鼻猴　鼻子越大越受雌性欢迎　100
流苏鹬　相亲大会时雄鸟喜欢演戏　101
娇鹟　求偶的时候需要有徒弟的帮助　102

圣诞仿地蟹　每年都要在海边来一场大聚会　103
蟾蜍　雄性蟾蜍叫声越大越受欢迎　104
多指鞭冠鮟鱇　雄性在交配前会先吸住雌性　105
海豚　约会时会被阿姨们一直盯着　106
座头鲸　可以连续 20 个小时不间断地唱歌求偶　108
海龟　雄性找到雌性后就会一个接一个地叠上去　109
海獭　交配时雄性会咬住雌性的鼻子　110
蝎子　雄性的舞跳得不好就无法吸引雌性　112
萤火虫　雄性萤火虫会被假扮成雌性的女巫萤吃掉　113
时髦动物大集合！　114
新宅老师的《失败动物 Q&A》 能力篇　118

第 4 章　奇怪的育婴方式大集合！

帝企鹅　巢离有食物的大海非常远　120
几维鸟　卵太大了，没法全都围住保暖　122
撒哈拉银蚁　群体出动寻找食物，如果迷路的话就会全员灭亡　123
草莓箭毒蛙　通过尿尿来孵卵　124
负鼠　把装不进育儿袋的孩子背在背上　126
蓝鲸　幼崽一天要喝掉 600 升奶　127
裸鼹形鼠　它们的工作职责在出生时就被决定了　128
行军蚁　蚁后一天可以产 10 万枚卵　130
麻雀　如果相亲失败，就会去做家政服务　131
大杜鹃　擅长利用别的鸟来帮自己养育孩子　132

银色乌叶猴　会生出一身黄毛的宝宝　134
奇异多节指蟾　父母比孩子小很多　135
24 小时追踪隐居的动物！　136
新宅老师的《失败动物 Q&A》 恋爱篇　140

第 5 章　变身！动物改造大集合！

狗　嗅觉灵敏，是人类的好帮手　142
猫　不知不觉中，把马桶里的水都喝了　144
牛　牛嗝竟然是造成全球变暖的原因之一　146
猪　其实特别爱干净　147
马　后背痒痒时会告诉同伴，同伴会用嘴巴帮它挠痒痒　148
驴　不活跃的原因是它固执而阴暗的性格　149
山羊和绵羊　打招呼的方式是用头猛烈地相撞　150
骆驼　竞骆驼比赛中还有机器人骑手　151
鸡和鸭　进化成了不利于生存的白色　152
鸬鹚　是潜水达人，游完泳很容易感冒　153
家鸽　身边的鸽子或许是“间谍”的后代　154
虎皮鹦鹉　嗅觉迟钝，但能散发出好闻的香气　155
兔子　不吃便便的话就会死去　156
仓鼠　作为宠物被人们所熟知，它们有着同一位祖先　157
蜜蜂　分工明确，低层的工蜂担任空调的角色　158
金鱼　前往宇宙时得了航天综合征　160
红鳍东方鲀　虽然有毒却被海豚们咬着玩儿　161

奇怪名字动物大集合！ 162

新宅老师的《失败动物 Q&A》 进化篇 166

第 6 章 最强最糟的失败之王大集合

虎 非常厉害的猫科动物，却只能发出“喵喵”的声音…… 168

绿雉 盲目自信害自己丢了性命 170

鬣羚 人们经常用它来比喻美腿，但其实它的腿又粗毛又多 171

闪蝶 正面闪闪发光，背面却很难看 172

龙虱 在空中或水中都非常灵活，但到了陆地上却成了废物 173

青鳉 河流中已经没有它们的学校了 174

黑猩猩 成年后它的脸才会变成黑色 175

普氏野马 有着像鸡冠一样的莫西干发型 176

日本大鲵 平时看起来像块儿石头一样一动不动，但它进行捕食只需 0.3 秒 177

犀牛 见到火就必须把它灭了 178

人类 为了降低体温而没了体毛，现在却还是要用到皮毛 180

灭绝动物大集合！ 182

动物中的前辈和晚辈 186

失败动物大图集

多余的进化论

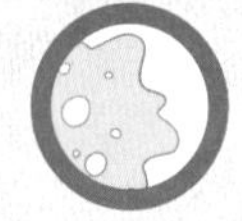

40亿年前

生命诞生

动物的历史，也可以说是"失败的进化历史"。为了适应残酷的自然环境、打败竞争对手、吸引雌性的关注，动物们一直在倾尽全力地生活。结果就在"怎样才能变得更好"的这种追求中，产生了多种多样的进化形式。

生命诞生于40亿年前，这种"失败的进化历史"从那个时候就已经开始了。现在让我们一起来粗略地看看我们的祖先们那些"失败的进化历史"吧。

虽然单细胞生物只需有一个细胞就能生存繁殖，但是地球诞生后大约经过了6亿年它们才出现。

引人注目却又不方便行动的背帆

似哺乳爬行动物 异齿龙

3亿年前

似哺乳爬行动物登场了！

这是自身不能产生热量，不耐寒的爬行动物繁盛的时代。在背部长出背帆，用于吸收太阳热量来提升体温的爬行类开始出现。

2亿年前

哺乳动物出现

心脏和血液性能开始变得更强劲，由此可以保持自己的体温，接着还长出了可以保温的毛发，不过这些动物仍然是卵生的。

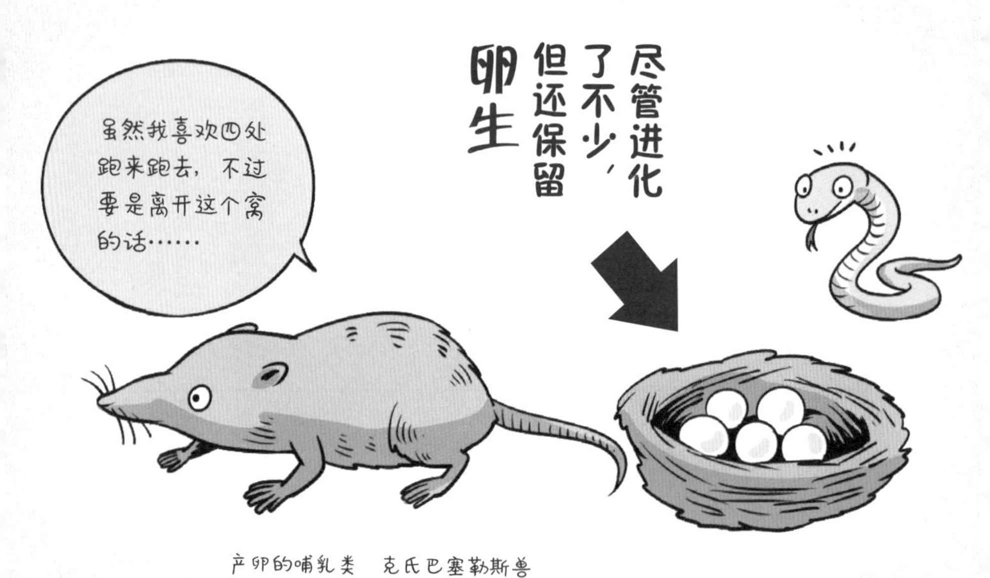

产卵的哺乳类　克氏巴塞勒斯兽

能够将幼崽放在育儿袋中的动物　阿法齿负鼠

能让雌兽带着幼崽一起逃跑却又不太方便的育儿袋

1亿年前

有袋类繁盛的时代到来了！

抛弃产卵的方式而直接产出幼崽的哺乳动物出现了！它们有可以抚养幼崽的育儿袋。

育儿袋或许会让幼崽很安全，但对于雌兽来说，它们的行动就变得很不方便，照顾起来也不太容易呢！

妈妈们可真是不容易啊……

6500万年前

真兽类繁盛的时代

真兽类出现了，它们的幼崽在妈妈肚子里长到足够大的时候才被生出来！

现生哺乳动物的祖先　始祖兽

好想像鸟儿一样白天也能出来翱翔啊!

能够飞行的哺乳动物 蝙蝠的祖先

夜间专属

飞向天空

能够在天上飞行的蝙蝠出现了

陆地上的恐龙、海洋中的鱼龙、空中的翼龙都灭绝了。足部退化特化成的可以飞行的哺乳动物出现了。

游向海洋

进化出可以在海洋中生活的鲸的祖先

生活在海洋中的哺乳类出现了！当陆地上的天敌追击过来时可以逃到水中，而海洋中也有丰富的食物。

鲸的祖先 巴基鲸

已经灭绝的大象　板齿象

身形巨大

大象、犀牛等大型动物开始繁盛起来

不容易被天敌攻击的大型哺乳动物开始出现了！不过，由于体形过大，它们对食物和水的需求量也很大，取水或喝水对它们来说很不容易。

速度

能够快速奔跑的食草动物

拥有四根脚趾，能够在环境恶劣的森林中快速奔跑的食草动物出现了！不过，随着地球气候变得干燥、森林减少、平原增加，四根脚趾在平原上跑起来倒是变得不方便了。

现在的马类都是靠中指一根脚趾站立，而以前生活在森林中的马则有多根脚趾。

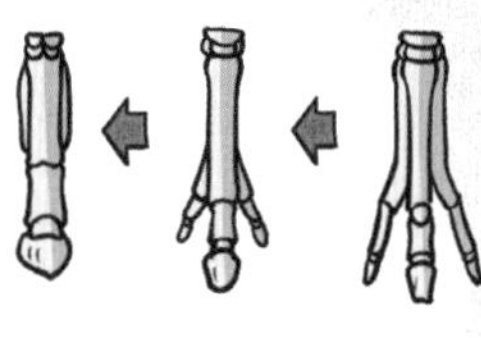

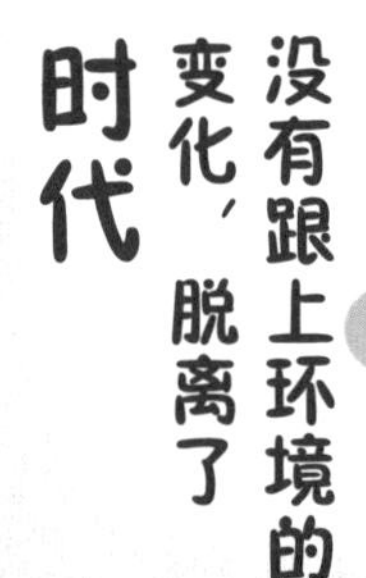

没有跟上环境的变化，脱离了时代

已经灭绝的马　渐新马

只是从外表看起来威武

已经灭绝的虎　剑齿虎

外表

外表发生改变的食肉动物

以食草动物为食的食肉动物们也在慢慢进化！剑齿虎的犬齿变得非常长！

400万年前
人类诞生

类人猿开始出现

可以用双脚直立行走的早期人类（猿人）出现了！它们可以和黑猩猩一样使用工具。

类人猿

跟现代人类还相距甚远

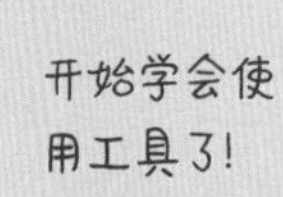

已经灭绝的人类 南方古猿

第1章 无用进化大集合

我们刚刚粗略地回顾了一下数亿年前的动物进化历史，这之中仍然充斥着各种失败的进化。不过，那些动物，当然也包括人类在内，现在仍然一直在进化中。现在，我们把在进化过程中带着那些奇葩技能的动物们集合起来欣赏一下吧。不要光顾着边看边笑，希望大家都能够从中学习到知识哟！

现在，“失败动物剧场”的帷幕就正式拉开啦！

狮子
鬃毛就像真皮围脖

被称为百兽之王的狮子非常勇猛，我们常常会看到雄狮间发生激烈的战斗。雄狮为了争夺领队或守护群体的权利，常常会与对手不惜代价地决一死战。

不仅是在群体外，即便在群体内，雄狮兄弟间也会因为暴躁的情绪而常常斗嘴甚至撕扯，争斗时几乎都会受伤。狮子这种暴躁的性格在猫科动物中称得上第一。

这么一想，它们确实应该拥有一个天然的护具，毕竟脖子下面就是粗大的血管，这些血管如果不小心被爪子抓伤了就会造成致命的伤害，因此，雄狮最脆弱的地方——脖子上长着蓬松厚实的鬃毛。

可是，这么厚实的鬃毛就成了“真皮围脖”，在非洲和印度炎热的夏天，很容易引起中暑这种尴尬的情况。

狮子

诞生 12万年前

喜好 偶尔捉老鼠，但是老鼠太小了，常常捉不到

特长 非常骄傲自己肘上有厚实的毛发

虽然狮子身上除了脖子之外，都有着像“运动青年”一样的“短发”，但即使这样也很热，所以它们常常像夏日里穿着短裤的爸爸们一样，在树荫下休息乘凉。狮子们生活在炎热的地区，却进化出了厚厚的鬃毛，正因如此，它们没能改掉这种暴躁易怒的脾气，所以应该很后悔吧……

我们小时候可是有豹纹的呢。

By 狮子

驯鹿

牵着圣诞老人雪橇的驯鹿都是雌性的

以长着大角为特点的鹿类通常都只有雄性才有角，角的大小可以决定其在雌性中的受欢迎度。

但是驯鹿却是鹿类中唯一雌性也长有大角的种类，它们使用鹿角挖开深深的雪堆，寻找藏在雪下的苔藓等食物。

鹿角每年都会从根部脱落然后重新生长，而角的分枝随着年龄的增长会不断增加，所以看鹿角就能够判断出鹿的大概年龄。

雄性驯鹿在冬天脱掉鹿角，而雌性则在产崽后的夏天脱落鹿角。圣诞节的时候，牵着圣诞老人雪橇的驯鹿是有鹿角的，所以这个时候的驯鹿全部是雌性的。

小档案

驯鹿

诞生 250 万年前

喜好 爱吃在食物匮乏之地区生长的苔藓、草等

特长 拉雪橇

我们是雌鹿，可以从圣诞老人那里获得食物，所以用不着鹿角。戴着它们好累赘啊！

By 驯鹿

非洲猎犬

它是最强的猎手，却常常被当作野狗

小档案

非洲猎犬

诞生 700万年前

喜好 追捕逃窜的猎物

特长 群体中生病或年老的个体也能够分到食物

在日本，三色猫自古以来就非常受欢迎，但这种白、茶和黑三种颜色搭配非常罕见，且只在雌性个体上遗传表现。不过，生活在非洲的非洲猎犬的毛色也有三种。

非洲猎犬的名字源于狼，它们是动物界中最棒的猎手，与百兽之王狮子只有20%的狩猎成功率相比，非洲猎犬的狩猎成功率可以达到80%。虽然它们有非常出众的运动能力和组织能力，通常数十只组成一个集体进行狩猎，但是最后平均每只也只能吃上几口肉，现在它们已经成为濒危物种。

哺乳动物中，拥有三种毛发颜色的种类非常稀少。非洲猎犬的英文名是Wild Dog（野狗），于是人们常常把非洲猎犬当成普通的野狗对待。

总把我们跟鬣狗搞混，拜托不要这样好不好？居然还有人说我们身上的花纹是油画……

By 非洲猎犬

眼镜蛇
背后完全是视觉死角

有蛇类王者之称的眼镜王蛇，体长能够超过4米，它有着“能一口咬死大象”般强烈的毒液。

眼镜蛇在发怒时会立起脖子，颈部平展膨大来威吓敌人。看到眼镜蛇“站立”起来的样子，包括人在内的所有动物一定都会感到恐惧。

但这时候的眼镜蛇也有一个弱点，此时它们不能快速地运动，而且身后完全是一个视觉死角。因此，像印度眼镜蛇等一些种类的颈部背后演化出了像眼珠一样的假眼，好像在告诉敌人“我能清晰地看到身后”。

小档案

眼镜蛇

诞生 6000万年前

喜好 只爱吃蛇

特长 街头耍蛇艺人的道具

虽然耍蛇人在吹笛子，但其实我们蛇根本就没有耳朵……

By 眼镜蛇

日本雨蛙

虽然有一张大嘴巴，但它们通常用腹部喝水

日本雨蛙

诞生 1.5亿年前

喜好 湿润的，绿色的

特长 通过体色来表达心情

我们总觉得当青蛙口渴的时候，会张开嘴巴咕嘟咕嘟地大口喝水，但实际上它们从来不会用嘴喝一滴水。

当它们卧在水坑或湿润的地面上时，腹部贴着地面，水分会自然通过腹部被吸入体内。所以说，当你认为一只青蛙在水坑里坐着时，倒不如说它们是在喝水更为恰当。

两栖动物在距今3.6亿年前，是第一批从鱼类演化而来到陆地生活的动物，但它们并没有完全适应陆地的生活。两栖动物的卵没有卵壳保护，必须在水中产卵，它们的皮肤也很薄，不耐干旱，不能完全离开水边生活，因此必须通过身体吸收水分。

用皮肤呼吸，用皮肤喝水。紫外线是我们皮肤的最大敌人！

By 日本雨蛙

长颈鹿

因为怕麻烦所以几乎不喝水

长颈鹿生活在非洲稀树草原上，这里遍地生长着低矮的杂草，也长着稀疏的大树。这些大树为了防止动物吃掉自己的叶子，演化出了通常只在比较高的地方才长出树叶的习性。

但是长颈鹿打破常规，它们长出了长长的脖子，能够独享这些被充足阳光照射、有着丰富营养的树叶。

长颈鹿与牛的关系非常近，它们也有4个胃，会将吃掉的树叶不断地吐出来在嘴里重新咀嚼（反刍）。实际上我们在动物园里也能常常看到它们不断吐出又咽下食物的样子。

这种取食策略让长颈鹿成了动物中的“巨人”，看似完胜，但却因为长得太高，导致低头喝水都成了非常困难的事。因此长颈鹿演化出了可以依靠树叶中不多的水分来维持生命，几乎不怎么喝水的习性。

长颈鹿

诞生 2000万年前

喜好 吃别人吃不到的树叶

特长 熬夜、站着睡觉

不过，这也仅仅是一种忍耐罢了，其实它们还是很想大口痛快地喝水的。因此，在没有狮子的安全区域，它们便放心地将两只前脚张开，低下头大口痛饮。

我们让宝宝从2米高的位置被生下来，落地似乎有点儿疼啊……不好意思。

By 长颈鹿

河马

打架时看起来战况激烈，实际上只是在比谁的嘴巴大

装模作样的小混混。

人们总说“河马是最强的”，听起来很像是真的，但实际并不是这样。虽说大型动物都很危险，但对于怕水的狮子和无法吞下活河马的鳄鱼来说，它们只是因为客场作战有诸多不利因素而不去袭击河马罢了。

另外，雄性河马间的争斗看起来很激烈，但仔细看会发现，它们只不过是把嘴巴张开150度比大小罢了。它们并不会攻击对方的弱点伺机杀死对方，只是将脸接近对方，显示出自己的强势。有时也会因为势头过猛，将牙齿撞到出血。不过不要担心，河马的脂肪很厚，并不会有致命伤，而且它们红色的汗液还能起到给伤口消毒的作用。

小档案

河马

诞生 1800万年前

喜好 不容易从嘴巴里掉出来的草

特长 美肌，拥有保湿成分的红色汗液

我们最可怕的撒手锏，是用尾巴像螺旋桨一样将便便甩出去。放马过来吧！

By 河马

倭河马

虽然长得像河马，但不能像河马那样轻松地在水面上换气

小档案

倭河马
诞生 2000万年前
喜好 混浊的水
特长 身材小巧，可以在森林中自由活动

倭河马与大熊猫、獾㹢狓并称世界三大珍兽。倭河马为什么算是珍兽呢？因为它们的体形只有山羊大小，完全是一款迷你版的河马。在200年前被发现时，学者们都把倭河马的标本认为是长相奇怪的小河马。直到20世纪，人们才了解到它是河马的祖先形，于是它才重新受到关注，但这个时候倭河马的数量已经大量减少，成为濒危物种了。

河马非常适应在水下生活，它可以仅把眼睛、鼻子和耳朵露于水面，而仍然将巨大的身体隐藏于水面之下。但是倭河马与之不同，它们的面部并没有凹凸不平的结构，无论是换气还是观察情况都不得不把整个头部露于水面之上。

虽然我只有山羊般的大小，但体重却有200公斤，人类可没法把我们抱起来。

By 倭河马

蝙蝠
对食物过于挑剔，以至于快要灭绝了

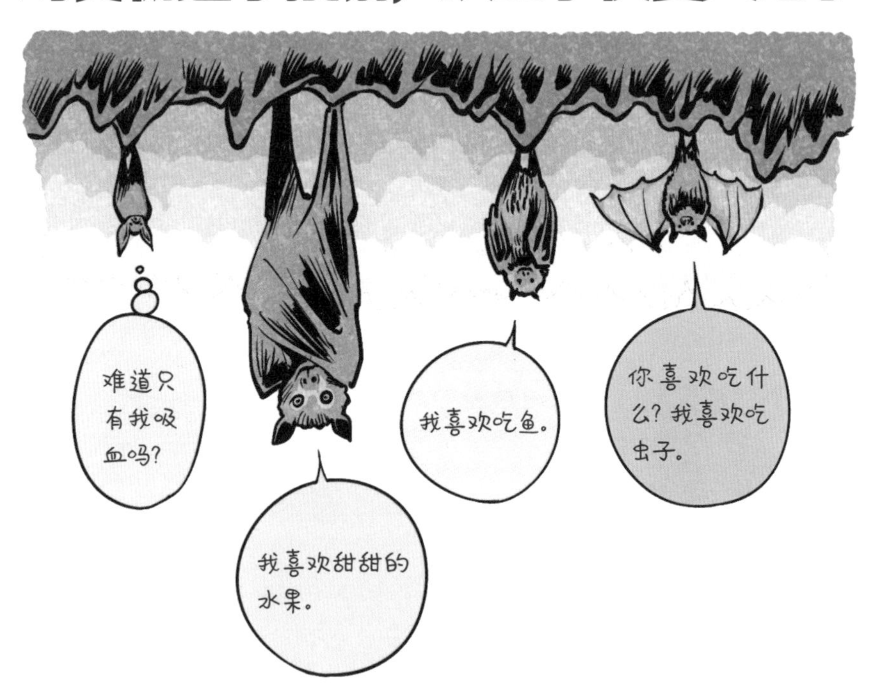

蝙蝠并不会像鼯鼠那样会从高处向下滑行，它们是唯一可以离开地面在空中自由飞翔的哺乳动物。

因此，蝙蝠的腿部肌肉退化，无法再支撑身体，平时只能倒挂在树枝或洞壁上。

蝙蝠对食物非常挑剔，因此有许多独特的种类。

普通吸血蝠便是吸血鬼德古拉的原型，它们生活于南美洲，依靠吸食血液为生。

我们在城市中经常见到的普通蝙蝠只吃空中飞行的昆虫，所以没法将蝙蝠在动物园中饲养展示。

而巨大的狐蝠则最喜欢吃水果，兔唇蝠专门吃鱼，还有以仙人掌的花蜜为食的蝙蝠。

蝙蝠

诞生 5000万年前

喜好 黑暗而凉爽的地方

特长 倒挂着拉屎和生宝宝

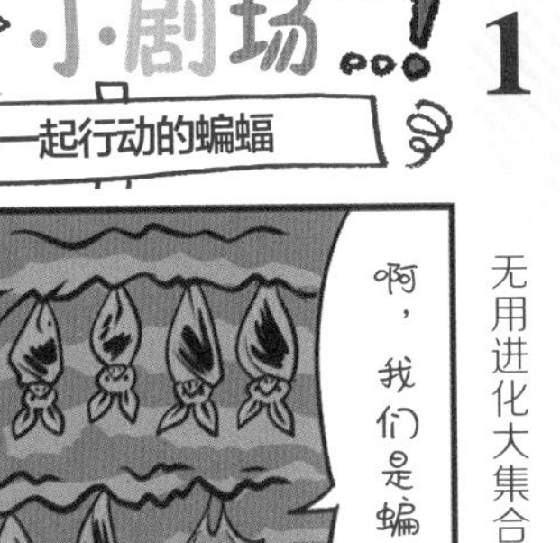

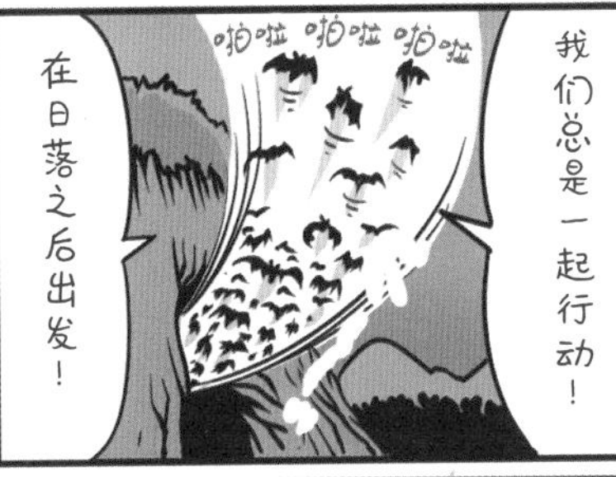

世界上有900种以上的蝙蝠，占据所有哺乳动物种类的四分之一，可以说是哺乳动物中多样性最高的一个类群。

正因为它们对食物如此挑剔，许多种类的蝙蝠已经濒临灭绝了。

如果只考虑飞行的话，有脚却不能走路也算是一种退化吧。汗……

By 蝙蝠

章鱼

脑袋实际上是它的胴体

小档案

章鱼

诞生 4亿年前

喜好 能够做寿司的那些鱼

特长 可以在狭小地方随意进出

章鱼有着非常丰富的行为，甚至可以将它喻为“海洋中的灵长类”。我们知道，章鱼会根据情况改变身体的颜色和形态。在实验中，它们甚至还可以将瓶盖打开取出瓶中的东西。

但几乎没有人知道，章鱼的那8只脚其实是它的胳膊，而大家总称之为头的部分实际上是它的胴体！

章鱼真正的脑袋是它眼睛周边很狭小的一部分，里面有着非常小的脑。对于人类来说，我们吃的章鱼头是它的躯干，而吃的爪子是它的胳膊，所以我们其实是在它的肚子上裹上了头巾。正是章鱼身体这种让人难以理解的构造，才让我们一直以来对它有这么多的误解。

我总被当成火星人的原型，根本就是你们搞混了，别再这么说我啦！（怒）

By 章鱼

鹦鹉螺
它家特别狭小

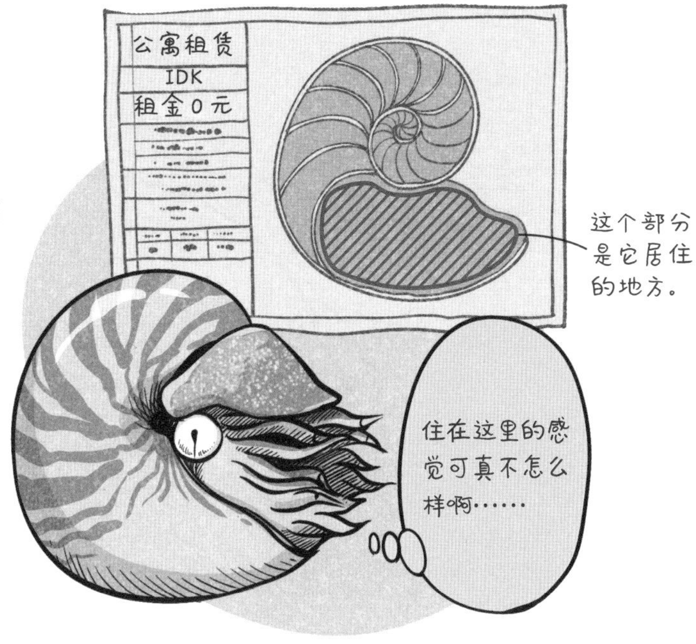

鹦鹉螺
诞生 4.5亿年前
喜好 死鱼
特长 长寿

鹦鹉螺是和恐龙同时期灭绝的菊石的近亲，是一种活化石。虽然它们有贝壳，看起来就像是一种螺，但实际上它们是章鱼和鱿鱼的近亲。鹦鹉螺有着章鱼一样的脚（触手），但作为前辈的它们，雄性的鹦鹉螺有60条触手，而雌性足足有90条。

但是，这些触手并不像章鱼的触手那样有吸盘，也不能伸缩。触手上分泌出黏糊糊的液体，是为了捡食掉落在海底的死鱼。鹦鹉螺还为了能够背着这骄傲的贝壳而放弃了快速游泳，所以它非常不善于狩猎。另外，虽然它的贝壳看起来就像螺壳一样，但中间会有隔断一样的构造，真正能够住的地方非常有限，住起来的感觉并不好。

从古至今就一直生活在大海里，怎么就给我们起了个鸟的名字呢！

By 鹦鹉螺

巨骨舌鱼

巨大的鳞片被用于制作成鞋拔子

巨骨舌鱼
诞生 1亿年前
喜好 食欲旺盛，什么都吃
特长 雌雄一起照顾后代

巨骨舌鱼生活在南美亚马孙的河流中，体长超过3米，偶有捕到体长接近5米的个体，是世界上最大的淡水鱼。成年的巨骨舌鱼身体一半呈现出红色，所以它的名字在当地语言中意为“红色的鱼”。巨骨舌鱼出现在地球上1亿年了，但它们的外形却从没发生过变化，堪称活化石。作为世界上最大的一种古老鱼类，巨骨舌鱼有着名副其实的“河流鱼王”之称。在氧含量低的时候，它们可以直接游到水面将空气吞入，它的鳔特化而有着近似肺部的功能，可以直接呼吸空气。但是，原住民就会利用这种习性，在巨骨舌鱼露出水面呼吸的时候，用棒子敲击它的头部然后将其捕获。巨骨舌鱼那世界上最大的鱼鳞还会在当地被制作成鞋拔子，来当成特产售卖呢。

其实我们的鱼鳞本是为了对付水虎鱼而演化的……（T.T）

By 巨骨舌鱼

指猴
样貌非常恐怖，看起来像恶魔

小档案

指猴
诞生 7000万年前
喜好 用手指敲打树枝中的虫子
特长 雌性间经常因为嫉妒而发生争吵

日本有一首童谣《啊咿啊咿》，大家并不知道这首歌真正的意思。其实，“啊咿啊咿”是一种生活在非洲马达加斯加岛的“珍兽中的珍兽”——指猴。

当地人因为指猴恐怖的样子，一直相信它们是“恶魔”，如果把这种动物告诉别人就会遭遇不幸。所以探险家们在当地做调查时，只要一问到这种动物，当地人只会回答“heh heh”，意为“不知道”，当地语言的发音是“啊咿啊咿”，由此被错当成这种动物的名字而广为流传。当地的人们相信，如果不小心和指猴的眼神对视，自己的亲人就会死亡，因此这种动物有着被当成恶魔秘密驱除的黑暗历史，它们也因此濒临灭绝。

虽然我们很擅长育幼，但还是常常被说成恶心的家伙。

By 指猴

鬣狗

首领是雌性，但它却有「小鸡鸡」

在动画片中屡次以坏人角色出场的鬣狗，看上去就像一只狗。我们很容易就把它们误当作犬科动物，但它们却属于鬣狗科，和獴的关系很近，可以看作是一种巨大的獴。

说到鬣狗，我们总会想到它们吃死尸的习性，并且擅于用狡猾的战术夺取猎物。

但实际上，鬣狗无论是群体行动还是单枪匹马都是狩猎高手，它们是最强的全能食肉动物。鬣狗的咬合力是哺乳动物中最强的，可以达到450千克以上，它们可以把死尸吃到骨头都剩不下。

群体中的鬣狗以雌性为首领，无论是体形还是脾气，雌性都强于雄性。最极端的是，雌性的鬣狗还长着像“小鸡鸡”一样的器官，乍一看很难区别雌雄，这也是鬣狗的特点。

鬣狗

诞生 700万年前

喜好 吃腐肉也没问题

特长 笑脸（咧嘴）和笑声（叫起来像是在笑）

虽说我们一直相信有一些哺乳动物同时具有雌性和雄性的两性功能，但为什么雌性鬣狗要演化成看起来像雄性的样子呢？这一直是个未解之谜。

叫声听起来就像是在笑，会不会被嫌弃？

By 鬣狗

北极熊
因为天气热而变成了绿熊

小档案

北极熊
诞生 7万年前
喜好 海豹的背影
特长 在冰水中游泳

北极熊从出生开始，它们身上的毛便是中空的，许多毛叠加在一起看起来就像是白色的，如同利用了光纤维的高科技手段。

这是为什么呢？因为太阳光中含有可以帮助骨骼生长的紫外线，而北极圈的紫外线相当弱，因此北极熊这样的毛发能让稀少的紫外线尽可能地照射到皮肤上。

一般动物的毛发都是管状结构，外部是一层鳞片状的角质层，内部充满了色素粒，色素粒的多少决定了毛发的颜色。年老之后变成白发是因为不能再制造出新的色素粒。

在温暖的地区饲养北极熊时，它那中空的毛发中就会长出藻类，结果白熊就变成了绿熊啦。

哪怕就和企鹅见一次面也好啊……可惜它们在南极。

By 北极熊

乌鸦
虽然很聪明却很怕热

小档案

乌鸦
诞生 2000万年前
喜好 闪闪发光的东西
特长 用衣架做巢

乌鸦是全世界1万多种鸟类中智力最超群的鸟，它们还是美食家，知道哪里会有好吃的东西，总喜欢在人们丢弃的垃圾中寻找食物。

但乌鸦也有弱点，它们是鸟类中最怕热的。大嘴乌鸦本来生活在森林中，一身黑色的装扮可以很好地隐藏自己。但是，这种容易吸收热量的黑色毛发让它们在城市中生活时会感觉进入了炼狱热炉。

鸟类不能排汗，所以它们不擅长降低体温。当气温超过30℃时，乌鸦就会张开嘴巴“哈哈哈”地通过舌头散热以降低体温。乌鸦真是得于黑色，又受罪于黑色啊！

什么时候我也得偷点儿人类的刨冰尝尝！

By 乌鸦

巨型管虫
想要放弃做动物

深海中充满了未知的生物，巨型管虫便是在20世纪后半叶发现的一种奇妙生物。它们生活在自己制作的管状壳中，所以也被称为管虫。

这种生物生活在400米深的海底火山热泉附近，这里的水温能够达到80℃，所以它们是地球上最耐高温的生物。另外，巨型管虫还有非常厉害的特点：它们没有眼睛、没有嘴巴、没有消化道，甚至没有肛门！虽然它们是动物，但从来不捕食猎物。

看起来就像是植物的巨型管虫，能够像植物利用光合作用一样，以海底火山喷发出来的有毒物质——氢化硫作为营养源。它们真可以称为是一种“喜欢泡温泉，憧憬做植物”的动物。

小档案

巨型管虫

诞生 2.5 亿年前

喜好 海底火山喷发出的有毒物质

特长 不吃不喝也能活

虽然我想说句话，但我没嘴巴……

By 巨形管虫

捕鸟蛛 真正的武器是身上的毛

小档案

捕鸟蛛

诞生 2.4亿年前

喜好 在眼前路过的猎物

特长 长寿

捕鸟蛛是一种全身长着密毛的巨大毒蜘蛛，在一些恐怖电影中经常会看到被它咬后马上死掉的情节。但实际上多数捕鸟蛛咬人就像被蜂蜇一样，毒性并不会置人于死地。捕鸟蛛的毒液实际上是它们的唾液，蜘蛛没有咀嚼食物的牙齿，不能将猎物直接吞入胃中消化。它会先将毒液注入猎物体内，将猎物溶解然后吸食，就像吃冰沙一样。

说到捕鸟蛛，它有着比它的毒液更恐怖的武器，那就是通过“踢毛”来攻击。它们用后腿将屁股上的毛踢起向敌人发起攻击。这些小毛上面有像鱼钩一样的倒刺，一旦不小心沾进眼睛里，就没法再弄下来，还会引起不断地咳嗽。

我们长出浓密的毛并不是因为寒冷，而是为了能够感受到猎物发出的振动（汗）。

By 捕鸟蛛

树袋熊

没有被有毒的桉树叶毒死却被桉树枝杀死

树袋熊是澳大利亚珍兽的代表，在人类来到澳洲大陆以前，几乎没有什么食肉动物可以袭击它们。即使如此，谨慎小心的树袋熊为了躲避天敌总是在20米高的桉树上生活，除了繁殖期几乎不会下树。

它们只吃桉树叶，从来不喝水。实际上，桉树叶含有剧毒，其他生物都不敢吃，因此树袋熊可以安心地独享这种食物。

但是有一个大问题，桉树叶中油分高，而在澳洲经常会刮起大风让桉树枝相互摩擦从而产生自然火灾。一旦引燃火花，火势便在桉树林间燃烧扩散开来，形成大规模火灾。

为了分解桉树叶中的有毒物质，树袋熊生有巨大的肝脏，它的肝脏重量是同体重大小的猫的3倍以上，因此树袋熊的行动非常迟缓。好不

树袋熊

诞生 200万年前

喜好 香草般的桉树叶

特长 香草味的体味

容易演化出可以吃有毒素的桉树叶的特长，却因为桉树着火而不能及时逃跑，成为有灭绝风险的种类。

“考拉”在澳洲原住民的语言中是“不喝水”的意思。

By 树袋熊

猞猁

可以发现数百米外的猎物却因为太远而失手

猞猁的体形是家猫的6倍以上，眼光锐利，散发出野性十足的感觉。现在，它们生活在欧洲、亚洲和北美地区，在绳文时代的日本也曾有分布。猞猁的英文名Lynx是视觉锐利的意思，在古代经常用来形容什么都能看得透。

实际上，猞猁的视力确实非常好，它们在森林中能发现数百米外的小老鼠或数千米外飞翔的小鸟，并做出快速反应。但是，森林中遍布着树根，冬天大雪覆盖后，很难行走，所以有时它们虽然发现了远处的猎物，但由于太远而很容易让猎物逃走。由于总是抓不到猎物，猞猁现在变成了濒危物种，这么好的视力有点儿派不上用场啊。

如果再小一点儿就更灵活了，如果再大一点儿，就能像老虎那样了……（哭）

By 猞猁

小档案

猞猁

诞生 700万年前

喜好 只要是能吃的都行

特长 每天走数十千米来寻找猎物的精力

海豹
好奇心旺盛，是动物界中最大的『路痴』

贝加尔海豹

诞生 60万年前

喜好 被渔网缠住的鱼

特长 站着游泳以避免自己迷路

海豹的祖先是原本生活在陆地上的鼬类。它们的手和脚为了能够划水演化成了鱼鳍的形状，以鱼类为食。海豹体内的水分不会轻易排出体外，它不喝海水也能通过食物获取水分，而且它们长时间泡在海水里也没问题。

海豹经常迷路，所以常常能在意外的地方发现它们。海豹这种滑稽而好奇心旺盛的性格，与它们的祖先鼬类很相似。在俄罗斯的贝加尔湖中，有世界上唯一一种生活于淡水湖中的海豹——贝加尔海豹。这种海豹在大约60万年前因为迷路被困在了贝加尔湖中，逐渐演化形成，算是原本生活在大海中的“马大哈海豹”的后裔。

湖里没有虎鲸也没有鲨鱼，非常舒服哟。尽情地吃鱼大餐吧！

By 海豹

麋鹿 其实它是『四不像』

麋鹿
诞生 250 万年前
喜好 遍布草和树叶的地方
特长 受到皇帝和贵族的爱戴

有像鹿一样的大角却不是鹿，有像牛一样的大蹄子又不是牛，有像马一样的长脸又不是马，有像驴一样的尾巴却又不是驴。麋鹿，同时具有这四类动物的特征却又不是其中的任何一种。自古以来，中国就将其认为是一种神兽，称为“四不像”。

麋鹿，在生物学上实际上就是一种鹿。19世纪末，麋鹿在中国本土灭绝。英国贵族为了保护这种动物而进行个人圈养，经过不断繁殖，麋鹿这个物种成功地复活，果然可称为神兽。在这之后，虽然麋鹿在世界各地受到了优厚的待遇，但日本的法律却将其定为害兽（特定外来生物），并进行驱除。

无论怎么看，我们都是鹿……愚蠢的人类啊，你们就爱随便炒作话题！

By 麋鹿

美洲豹
无论是形态、姿势还是模样，都是豹的翻版

小档案

美洲豹
诞生 1080万年前
喜好 水边的动物，也包括鳄鱼
特长 潜水

大型猫科动物中，狮子、老虎、豹，都非常受欢迎，另外，是不是忘了还有美洲豹的存在？人们对于美洲豹的印象非常淡，或许是因为它长得太像豹了吧。

豹的分布从非洲一直到欧亚大陆，而美洲豹则生活在南美洲。虽说它们在地理分布上没有重叠，但无论体格、毛色、花纹都演化得如此接近。而且，豹的毛色发生突变时会形成全黑的黑豹，而美洲豹也有突变的黑豹个体，它们连变异个体都如此之像呢。

希望街头的阿姨们也能穿着我们美洲豹纹的衣服。

By 美洲豹

虎鲸

它是海中杀手，那双恐怖的眼睛实际上是伪眼

虎鲸是海中之王，它们甚至会袭击陆地上最大的食肉动物北极熊和海洋中最大的动物蓝鲸。

虎鲸在海中的最快时速可达到80千米，会用锋利的牙齿发起攻击。它们的智商很高，可以和同伴一起作战，捕获比自己身体还大的猎物，在海洋中它们没有天敌。

如果注意观察一下虎鲸的头部，会发现有一块被叫作“眼罩”，看起来像愤怒的眼睛状的白色斑纹，这有点儿像街头小混混们习惯戴着墨镜虚张声势所达到的效果。实际上，虎鲸真正的眼睛在“眼罩”的下方，有着小而可爱的瞳孔。虽说一群虎鲸会变成杀戮集团，强势攻击，享受杀戮，但一头虎鲸单独活动时却变得非常胆小，甚至会被吓出神经性胃炎。虎鲸那圆溜溜的小眼睛把它胆怯这一面的性格表现了出来。

小档案

虎鲸

诞生 150万年前

喜好 海洋中的任何东西都喜欢

特长 恐吓猎物

动物小剧场…! 1

情感丰富的虎鲸

可以说，虎鲸的“眼罩”巧妙地隐藏了自己那双圆溜溜的小眼睛，起到威慑并让对方颤抖的作战作用，当对方感到恐惧时便无法活动，它们就伺机下手。

对于动物来说，眼睛除了用来看到外界的事物，也可以替代语言传达或接收各种信息，有着非常重要的作用。

不要看我的眼睛啊，好害羞……

By 虎鲸

大象

脸上长长的部分实际上是鼻子和上唇，所以它们无法完全闭上嘴巴

说到大象，大象就会想到那长长的鼻子。长相如此奇怪的动物在地球的历史上也不多见。与现在只有3种大象的局面不同，以猛犸象为首的接近300种象的种群，在地球上也曾有过兴盛的时代。

大象的体形巨大，可以防止受到天敌的袭击，但它们也因此不能随便弯腰。大象如果没有长长的鼻子就没法喝到水，它们的鼻子到底是什么样的构造呢？

实际上，大象的鼻子是由鼻头和上唇延长而形成。鼻子的下方便是上唇，因此像软管一样长长的鼻子实际上是大象的鼻子和上唇，所以它们没法闭上嘴巴。

而且，大象长长的象牙也并非它的犬齿，而是上门齿向外延伸的结果，可以说是动物界中最大的龅牙。为了防止这条长鼻子和门齿冲突，

小档案

大象

诞生 600万年前

喜好 用鼻子向背面扬沙

特长 一口气能喝很多水

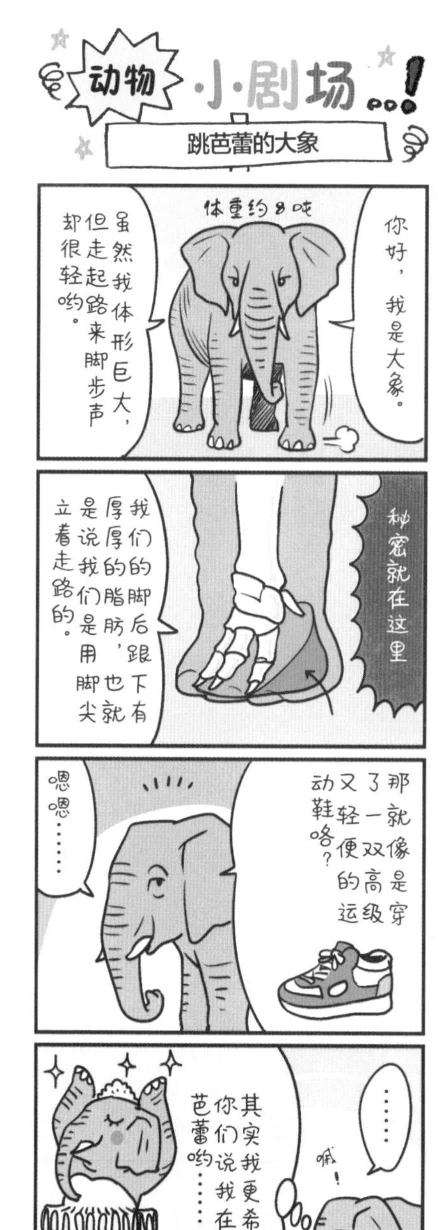

它的门齿向上弯曲生长着。象鼻中虽然没有骨头，但充满着肌肉，重量接近200公斤，累了的时候大象会把鼻子搭在弯曲的门齿上休息。它们巨大的体形也给生活带来很多不便。

我能用鼻子挑起一根面条。

By 大象

盲蛇演化成了一条蚯蚓的样子

小档案

盲蛇

诞生 6000万年前

喜好 白蚁

特长 不会被认为是蛇

蛇类是爬行动物中进化得很棒的类群。它们从蜥蜴演化而来，四肢虽然退化，但行动起来却比用四肢跑的速度更快，可以向各种方向随意移动。更厉害的是，一些蛇类拥有剧毒，一些蛇类能够生活在海洋中，一些甚至可以在空中滑翔。

在它们之中，还有一类不知为何却向着更原始的动物——蚯蚓的方向演化，无论是大小还是样子，看起来就是一条蚯蚓。因为看起来非常相似，所以如果不懂得区分的话，根本不会想到这是有脊骨的脊椎动物。能够分辨它是不是一条蛇的关键点在于——它会不会伸出小小的舌头。为什么演化到如此高等程度的蛇，却长得像弱小动物的样子，这是演化的未解之谜。

为什么一定要长成一条蛇的样子……蚯蚓挺好的啊。

By 盲蛇

牙鲆
眼睛在某一天突然向对侧移动

牙鲆
诞生 5000万年前
喜好 横穿于眼前的东西
特长 捉迷藏

牙鲆不使用鳍在水里游动，而是潜伏在海底的泥沙中伏击猎物。它们的姿势就像是普通的鱼躺在了水底，不同的是，它们的两只眼睛都长在面朝上的同一侧。

地球上的多数生物都是左右对称生长发育的，但也有一些奇特的动物并非左右对称。鲽形目最大的特点就是两只眼睛会朝身体一侧的位置生长。

在这之中，有眼睛偏左的鲆，也有眼睛偏右的鲽，还有左右不定的大口鳒。实际上，它们刚刚从卵孵化出来时，看起来就是普通的鱼。突然有一天，一侧的眼球开始越过头顶向另一侧移动，而这靠内的一侧就变成了光溜溜的样子。

见到动的东西就会跃起来吃掉，所以常常以路亚（一种垂钓方式）的方式被轻易钓到。人类真的很坏。

By 牙鲆

蟑螂

演化得像一只瓢虫，却还是超级令人讨厌

小档案

蟑螂

诞生 3亿年前

喜好 落叶和遗骸

特长 喜欢保持自己身体清洁

蟑螂是在3亿年前就诞生的活化石，经常会在意想不到的地方突然冒出来，跑得非常快，被人类嫌弃。

仅仅在日本就有50种蟑螂，全世界大约有4000种蟑螂。全球所有的蟑螂加起来能有1兆5000亿只。它们大多数都生活在森林中，以分解朽木为食，对于丰富森林中的营养物质有着非常重要的意义。

还有一些种类长得很像瓢虫。是不是因为过于被人嫌弃，所以为了讨好人类而向可爱的方向演化呢？其实并非如此，因为瓢虫也是动物界的讨厌鬼，它们为了保护自己会分泌出苦味液体。所以蟑螂为了不被讨厌瓢虫身上这种液体的敌人袭击，而冒充成了瓢虫的样子。

因为我们强大的生存能力，所以被取了个绰号叫小强。

By 蟑螂

眼镜熊

像戴了一副眼镜，但它却是超级近视眼

眼镜熊

诞生 3800万年前

喜好 菠萝叶

特长 虽然戴着『眼镜』，却是夜行性的动物

熊类是性情特别暴躁的食肉动物，古今中外，都作为一种恐怖传闻而存在。熊的好奇心很强，但是它们常常感到心气不顺，会突然发怒，所以它们也时常看着同伴的脸色行事。这种易怒的性格到底是因为什么呢？实际上熊的嗅觉非常灵敏，但它们的视力很差，是个超级近视眼，所以它们会时刻保持着警惕，有点儿风吹草动，不问原因就先发怒以保护自己。

似乎是为了克服近视这个缺点，有一种生活在南美，戴着“眼镜”的熊——眼镜熊。只不过，这只是个装饰眼镜罢了，它们的暴脾气一点儿也没变化，虽然看起来像戴着眼镜般温顺可爱，但是千万别轻易接近它。

如果有款式更时髦的眼镜就更好了……

By 眼镜熊

已经没办法了！

性格乖僻动物大集合！

我们从有着丰富个性的动物界中收集了那些最具独特性格的家伙，你们或许能看到它们令人意外的一面呢！

懒惰的动物

虽然是熊，但却吃蚂蚁的孩子？！

懒熊

一说到熊，马上会想到那袭击村庄或在河里痛快捉鲑鱼的凶猛动物。不过，生活在亚洲的懒熊却完全不一样。就像它的名字一样，懒熊特别喜欢睡觉，一身蓬乱的毛，看起来就是懒惰的样子。懒熊是个小个头，体形差不多只有棕熊的一半大，不擅长狩猎，主要食物是周围的白蚁。它们的前齿缝隙大，非常适合进食蚂蚁，看起来就是一副痴呆的表情。

懒猴

虽然会动但懒得动的家伙

懒猴很擅长缓慢地靠近并抓住猎物，但它们认真起来速度却意外的迅速，可以通过爆发力捕到飞蛾。但是，懒猴的性格实在是太懒了，有时一天只移动数十厘米的距离，懒到身上会爬着蚂蟥和蚊子。所以它们的策略是将臭臭的唾液涂在身上，以此来趋避虫子们的骚扰。真是无论什么情况都不想动啊！

雄狮

光吃不干活，蛮横的王者

狮子通常以一头雄狮、数头雌狮和它们的幼狮来组成一个狮群集体生活。狩猎是雌狮和幼狮的工作，雄狮作为首领只是徒有虚名，至于捕到的猎物那一定是雄狮先享用。这样奇怪的首领也有它独当一面的时候——当有流浪的雄狮想来争夺首领时，作为首领的雄狮会一战到底。但是，如果原首领失败的话，就会被狮群流放，新的首领会杀死前一任首领所有的孩子，非常残暴。

胆小的动物

长颈鹿

会因大声惊吓而致死

动物园中的长颈鹿会出现因为受到大声惊吓而倒地死亡的情况。4 米高的长颈鹿摔倒在地，身体的重量会将它的内脏压破，腿也会骨折，因而死去。本来它们这种胆小谨慎的性情是为了躲避死亡，却因此而招来厄运，真令人惊讶。

大猩猩

紧张到腋下出汗的害羞鬼

体重超过200公斤，灵长类中最大的大猩猩，不仅有着大块头，还有着高智商，而且更有着和人类相匹敌的容易紧张的性格。当喜欢的雌性在自己身边走过时，雄性大猩猩会心脏怦怦直跳，紧张感油然而生，进而腋下流汗，并飘出一股恶臭味。尽管如此，雄性大猩猩也不会向雌性表达自己的心情，看上去真是让人着急。

大象

肌肤敏感到一碰就哆嗦

陆地上最大的动物大象最讨厌的事就是被突然触碰。大象的肌肤非常敏感，巨大的身体上，有一只小虫子落下都会打起哆嗦。轻轻触摸时，它会感觉像被挠痒痒。如果要触摸大象，要用“啪啪”地拍打或“嘎吱嘎吱”地摩擦这种容易被它理解的方式。另外，大象的性格弱点是很胆小，当它生气的时候会非常凶暴，此时就不能再用手触摸了。

蜜獾

跟谁都会纠缠的小混混

别看蜜獾体形小，不管什么动物它都敢直接面对，上去打架，是最爱吵架的战斗者。打斗时，蜜獾感受不到疼痛，即使是面对狮子或眼镜王蛇也一样会向前冲。狮子为了自己不被咬到会向后退去，蜜獾却表现得胜心满满非常自豪。特别是它们的精神非常旺盛，比起勇敢，倒不如说是不顾一切。

胡蜂

只要一只发怒，全体都会发怒

脾气特别急，如果对手入侵了不能进入的领地，它们就会用剧毒的毒针去实实在在地攻击对方。它们本性就是坏脾气，只要一只被惹怒了，便会通过费洛蒙发出警报信息，蜂巢中的全员都会一齐出去展开袭击。战斗的开关一旦被打开，就没有办法关掉，它们全体会化作杀人机器。

新宅老师的《失败动物 Q&A》

不良篇

Q 动物里也有流氓吗？

动物行为学中有一个词语叫“Rogue”，指不遵守群体中的规则，也就是非常规行为个体的意思。各种动物中都有不遵守规矩，脱离群体的非常规行为个体。这些不遵守固定套路，偶尔做出鲁莽行为的非常规个体会给这个物种群体招来种群减少的危险；如果个体的负面行为往好的方向发展，则能给整个种群带来正面的影响。

Q 那么人类中也有类似的行为吗？

电影《星球大战外传：侠盗一号》中的侠盗便指的是非常规行为个体。人类中也有非常规行为个体，他们会异于周围的人，表现出与大家不一样的行为，如品行不端、宅居少与人交流、有无法理解的言行等，或许这些非常规行为个体就在你的身边。

Q 非常规行为个体有什么任务吗？

一只狼或一只脱离群体的猴子，它们担当着可以让群体向外留下更多子孙后代的任务。人类也一样，喜欢勇敢挑战的人总能创造出新的时代。我认为非常规行为个体就是握着进化钥匙一般而存在，当然，他们之中也包括无知、鲁莽甚至反叛，对于领导者来说非常麻烦。

第2章

失败行为大集合

大熊猫便便的气味特别香

便便的气味会根据食物而产生差别。

比如大象每天要拉100公斤以上的便便，气味就像是发酵了的草，所以量虽然大但并不臭。

老虎会用便便来标记领地，气味有一股旗鱼的臭味。杂食的熊和貉的便便则混杂着多种气味，很臭。

而大熊猫是动物界中唯一有着香味便便的动物。大熊猫的便便大小如红薯一般，颜色呈绿色，有一股抹茶和刚刚使用的榻榻米的清香，有时还带有一点儿甜味。

这是因为大熊猫是一种从肉食向食草过渡的动物。也就是说，它们的肠道还是像肉食动物那样短，吃进去的竹子没有经过完全消化便被排了出

来。不过，大熊猫独享没什么动物喜欢吃的竹子，可以安心地大吃特吃。看来，有香喷喷便便的大熊猫应该用不到芳香剂了。

动物小剧场…! 2

大熊猫和小熊猫

失败行为大集合

最臭的，好像是杂食而且什么都吃的人类的便便哟。

By 大熊猫

灵猫

我们喝猫屎咖啡的时候应该感谢椰子狸

灵猫科虽然名字里有个“猫”字，但它们跟猫的关系很远，它们是一类原始的食肉动物，是食肉动物的祖先形，可以称为活化石。灵猫的特点是屁股上有肛门腺，会分泌出恶臭的液体，但经过千倍稀释后的麝香可以制成高级香水，原本讨人厌的气味经过人类的加工却变成了香水。

灵猫并不像猫科动物那样具备超强的运动能力，虽然是一类食肉动物，但也喜欢吃植物的果实。生活在印度尼西亚的椰子狸特别爱吃咖啡的果实，它们的粪便中没有充分消化的咖啡豆就是一种很高级的咖啡——猫屎咖啡。可见，灵猫最臭的地方却给人类不断地生产最高级的芳香。

小档案

灵猫

诞生 5000 万年前

喜好 成熟的果实

特长 将大型鸟的巢穴作为自己的巢

果子狸也是我们的同类哟。

By 灵猫

巨獭
特技居然是揉粪

生活在亚马孙河周边的濒危动物巨獭是鼬类的亲戚，体长近140厘米，以5~6头为家庭单位生活。家庭成员相互间的关系很紧密，哥哥姐姐会照顾弟弟妹妹们，当天敌鳄鱼来袭时，会全家一起反击。

巨獭最喜欢吃鱼，在一些宜居区域，很容易有其他巨獭前来侵犯，巨獭爸爸会严密巡视自己的家族领地，并标记出领地范围。

一般生活在陆地上的动物会用尿液标记领地，但在水边标记很容易就被冲走，因此巨獭会使用便便来标记自己的领地。而且为了让气味能蔓延得更远，它们会用手揉粪便，将臭味扩散出去。

小档案

巨獭

诞生 250万年前

喜好 有土腥味儿的河鱼

特长 好奇心重

特别喜欢玩游戏！亚马孙河最棒啦！

By 巨獭

獾㹢狓
吃完饭后会舔眼眶

世界三大珍兽之一的獾㹢狓，是20世纪发现的最珍贵的动物。獾㹢狓在当地语言中是“森林中的马”的意思，它们从后面看，会被认为是原始的斑马，但经过研究后发现，它们实际上是短脖子的长颈鹿的祖先形。

獾㹢狓非常神经质，甚至会被自己踩到枯草发出的声音吓倒，很难人工饲养。它们的数量很少，又因为天鹅绒样的皮毛而被称为“森林中的贵妇人”。

獾㹢狓还有一个怪癖，吃完饭马上要用长长的舌头去舔眼睛周围，并用舌头做出像鞭子一样使劲拍打的奇怪动作。这样的行为相当奇怪，其实这是一种本能，是为了驱赶吃饭时聚集而来的苍蝇。

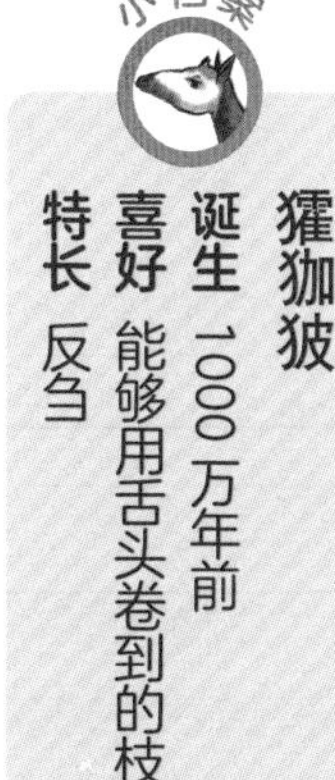

小档案

獾㹢狓
诞生 1000万年前
喜好 能够用舌头卷到的枝叶
特长 反刍

长得很像长颈鹿，却没有那么长的脖子。哦吼吼！

By 獾㹢狓

琉球兔 把孩子关进巢里就不管了

琉球兔是日本引以为豪的珍兽中的珍兽，是只在奄美大岛和德之岛分布的固有种。琉球兔是现生兔子的祖先形，它的耳朵很短。多数兔子不会叫唤，但琉球兔却可以发出多种不同的声音。而且，它还会用后腿敲打地面和同伴交流。

最独特的是它们养育后代的方式。琉球兔不喜欢在巢穴中待着，喜欢四处徘徊溜达，再时不时地回到巢内给幼崽喂奶。喂完奶后，它会小心翼翼地将洞口用土埋上，将幼崽关在里面，然后就不知道跑去哪里了。这到底是护崽心切，还是不负责任呢？

小档案

琉球兔

诞生 2000 万年前

喜好 日本奄美大岛的特产（树的果实）

特长 土木工程

人们一想到兔子就是白白的长耳朵，我可是黑色的短耳朵。不开心！

By 琉球兔

跳羚
得意忘形地挑衅天敌，结果却被抓住

非洲的跳羚看起来像是鹿，但它其实是羚羊的亲戚，属于牛科。

跳羚有一种非常有趣的行为——四脚弹跳，当发现食肉动物时，它会将屁股上的白毛立起来，然后大幅度地垂直跳跃。其他跳羚看到一只跳羚跳起来后，大家就相继开始跳跃，远远看去就像爆米花一样上下弹跳。

遇到敌人，明明应该立即逃跑，跳羚却故意在天敌面前做这种多余的挑衅，真是一种充满谜团的行为。虽说这种行为可以向天敌显示自己很健硕并不好惹，让对方作罢，但却也有因为得意忘形最后逃不了而被捉到的例子。

小档案

跳羚

诞生 1200 万年前

喜好 即使周围有天敌也照样吃草

特长 垂直跳高

遇到红灯的话，大家一起过就不怕了……不好，真的很危险！！

By 跳羚

藏酋猴
雄性幼猴是缓和气氛的桥梁

小档案
藏酋猴
诞生 870万年前
喜好 秋天的竹笋
特长 雌猴间拥抱时会表现出哭脸

藏酋猴是一种生活在中国山地的濒危动物，它和日本猕猴都属于猕猴，尾巴短，红脸，长着像仙人般的胡须。这种猴子有一种非常突出的特别社会行为。

雄猴在激烈的争吵后，等级处于下位的雄猴会从群体的雌猴手中抢走今年刚出生的雄性幼猴，然后迅速把它送给等级处于上位的雄猴，让它舔舐小猴的生殖器。

接着，这两个刚刚争吵完的雄猴，马上就和好了，大家都会收回刚刚板着脸的状态。这种行为被称为“架桥行为”，是利用雄性非常爱护孩子的习性，通过小猴作为关系的桥梁来缓解气氛。

我们也会对着雌性表现出自己很爱护孩子的样子，展示自己是一位“超级奶爸”。

By 藏酋猴

北极燕鸥

总是在寒冷的南北极间迁徙

在不同的季节做长距离迁徙的鸟被称为候鸟，野鸭在秋天会向温暖、食物更丰富、适合求偶的地方迁徙，春天则回到寒冷的地方繁殖后代，因为这里很少有蛇等天敌来吃它们的卵。候鸟每年会在两地间做长达数千千米的旅行，这种生态行为仍有许多未解之谜。

地球上迁徙距离最长的鸟是北极燕鸥，每年在北极和南极间往返，飞行距离达32000千米。迁徙是为了能够躲避恶劣的环境变化，但从一个环境严酷的北极迁徙到另一个环境严酷的南极，完全不知道是什么意义。因为它们迁徙的距离太长了，所以经常会发现迷鸟。

小档案

北极燕鸥

诞生 1200万年前

喜好 海中的小鱼

特长 悬停

我是为了存飞行里程哟。

By 北极燕鸥

鸵鸟
坐下时会把尾椎坐骨折

鸵鸟
诞生 6000万年前
喜好 吃小石头
特长 踢力达到300公斤

鸵鸟是现生最大的超大鸟，身高有2.3米左右，体重超过135公斤。飞鸟为了减轻重量，骨骼中间是空的，而不能飞的鸵鸟为了能够奔跑，它们的骨骼就非常粗壮，可以轻松地做长距离奔跑，时速能达60千米。

鸟类没有牙齿不能咀嚼，它们会吞下小石子用来在胃中磨碎食物，而鸵鸟吞下的石头也会比普通鸟类的大。

什么都是超大的，也会产生很多麻烦。鸵鸟还是个马大哈，做什么事情都用尽全力，就连坐在坚硬的地面上时也会使劲坐，结果却因为自己的体重太重而容易造成尾椎骨折。

夜晚雄性孵卵，黑色的羽毛和周围融为一体。
By 鸵鸟

蜘蛛

喝了咖啡就会织出乱七八糟的网

早期的昆虫为了躲避蜘蛛而得到翅膀可以飞到天上，但为了捕捉这些可以飞行的昆虫，蜘蛛又开发出了蛛网。

蜘蛛可以通过屁股上特殊的疣突（纺丝器）吐出一种液体，这种液体接触到空气就马上变成固体的丝。蛛丝分为用来行走的丝和用来捕虫子的黏糊糊的丝，蜘蛛利用蛛丝结成一张像捕虫网一样的家。

蛛网的形状有一定的规则，而人们做过一个实验，给悦目金蛛喝下咖啡后，蜘蛛产生了和人类一样对咖啡过敏的症状，兴奋地开始胡乱织网。

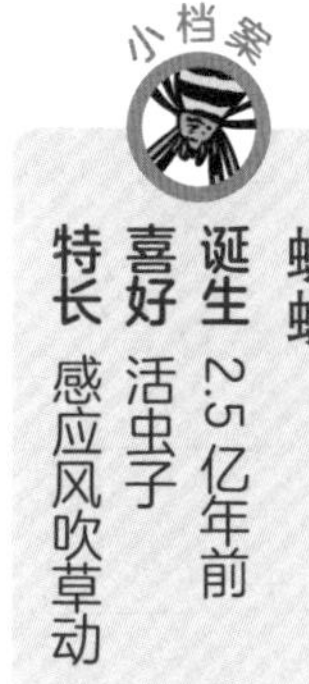

小档案

蜘蛛

诞生 2.5 亿年前

喜好 活虫子

特长 感应风吹草动

虽然我们能够结出世界上最大，直径能达 25 米的网，但也有很多蜘蛛是不结网的哟。

By 蜘蛛

棕熊 易发怒，忍耐力又强，性格让人捉摸不清

熊的形象在布偶玩具和动画片中都超有人气，但它们却是动物界中性子最急躁的。雄性很容易发脾气，甚至会突然杀死自己的配偶或孩子。

雄性的占有欲也很强，它会逼迫雌性一直在自己的身边，谁敢靠近自己吃饱后剩下的食物它就会像发疯一样对谁勃然大怒。

如此毫无耐心的熊，却可以忍受长时间的冬眠。从冬天到春天大约4~5个月的时间，不仅不吃不喝，连大小便都不排。我们人类如果长时间不排泄的话，会有生命危险，而有特殊生理结构的熊却没有问题。连续几个月不尿尿，真是有很强的忍耐力啊……

小档案

棕熊

诞生 25万年前

喜好 可爱的橡子

特长 将吃了一半的食物藏起来以后再吃

你的东西就是我的东西，我的东西还是我的东西。

By 棕熊

尼罗鳄
不与同伴合作就没法吃到食物

尼罗鳄是非洲最恐怖的动物之一，是一种体长可以达到5米的巨型鳄鱼。它们会在河流中静静等待，伏击为了寻找食物和水而迁徙的角马和斑马。

一旦发现猎物，它们便突然像导弹一样从水中跃出，咬住猎物并将它拖入水中淹死，这是它们的惯用伎俩。你一定对它们用锋利的牙齿撕裂食物的情形有印象吧，但其实鳄鱼的牙齿并没有撕肉的能力，只是起到避免打滑的作用。好不容易抓到那么大的家伙，如果不把猎物分解成可以吞下的大小，那就没办法吃下去。

因此，尼罗鳄会和同伴齐心协力，使出必杀绝技——死亡翻滚，它们合作咬住猎物的两端，相互向反方向翻滚，将猎物扭碎。

不仅如此，它的牙齿也不适合捕鱼，即便想去咬鱼，也会因为牙齿

尼罗鳄

诞生 2亿年前

喜好 没有大东西的时候会吃田螺

特长 在水中把食物吃掉却不会连水一起吞下

失败行为大集合

缝隙太大而让鱼跑掉，这实在是不怎么好用的牙齿。

另外，即使在水中伏击，猎物也不一定就会从那里通过，所以作为爬行动物的尼罗鳄，它们消耗的能量很低，即使一年不吃东西也没什么问题。

大东西一辈子能吃几回呢？平时对田螺和小鱼也就别挑剔了，将就吃吧！

By 尼罗鳄

狼
是最棒的猎手，但常常会轻易放弃

犬科动物有着非常活跃的群体活动，它们有高超的战术，相比猫科动物，它们的狩猎成功率很高。其中非洲猎犬成功率最高，接近80%，这个比率在食肉动物中是非常高的了。

但是无论是体形、体力还是智商都高于非洲猎犬的狼为什么却甘居其次呢？这是狼的性格所决定的。非洲猎犬往往能够持续追捕1小时，相比之下，狼常常在追捕过程中放弃猎物。作为战术专家的狼，首领一旦觉得自己的战术无法达成时，便会考虑改变作战计划下次再战，真是“聪明反被聪明误”啊！

小档案

狼

诞生 3000万年前

喜好 容易捉到的猎物

特长 从胃中吐出半消化的柔软食物喂狼崽

太难了，还是放弃吧。

By 狼

刺猬

把口水涂在刺上，弄得全身臭臭的

刺猬和鼹鼠同属于比较原始的食肉类动物。刺猬身上的针是从毛特化而来，刚出生的时候是软软的刚毛，慢慢会变得非常坚硬。当有危险时，它会将自己的手脚蜷缩起来将身体包住，形成一个球来防御敌人。

刺猬有一个未知的行为——涂唾液。当它嗅到不明物体的气味时，一边舔一边啃，然后在嘴里将这些东西和泡沫状的唾液混合，用长长的舌头将这些混合物涂在自己的针刺上，就连自己宝宝身上的刺上也会涂满。或许这是为了用周围的气味来进行伪装吧，不过确实是有点儿恶心的奇怪行为。

小档案

刺猬

诞生 5000 万年前

喜好 小虫子

特长 腿短，所以喜欢走平坦的地方

如果你敢接近我的脸，我会用身上的刺去撞你。

By 刺猬

臭鼩

会和孩子们像玩小火车游戏一样连成一串

臭鼩

诞生 1亿年前

喜好 蚯蚓

特长 发出香味

日语中臭鼩叫麝香鼠，这是因为在过去，只要是小型动物，日本人都喜欢在它们的名字上加上“鼠”字，但在分类上，其实臭鼩属于鼩鼱目，和鼹鼠类是近亲。麝香鼠的名字缘于它们的肚子可以散发出微弱的麝香的味道。

有一种奇怪的行为只在臭鼩这种动物身上才能看到——成串成队。小臭鼩们会咬住大臭鼩的尾巴根儿，一只一只地连在一起，有时候甚至会五六只连成一串一起移动。虽然这种行为被认为是为了模仿猫或鸟都讨厌的蛇的形象，但它们的“队列”一点儿也不敏捷，摇摇晃晃的，看起来倒像是幼儿园的孩子们在玩小火车游戏。

世界上最小的哺乳动物和我们是亲戚哟。

By 臭鼩

海狮 狩猎后会做同步运动

小档案

海狮

诞生 3500 万年前

喜好 特别喜欢乌贼

特长 分泌浓乳汁

海狮和熊拥有同一个祖先，后来分化而来，成为海狮。它们的手脚像鱼鳍，并且可以用前脚快速游泳。而同样作为海兽的海豹则更接近鼬类，它们用像鱼鳍一样的后脚来游泳，但却游不快。两者现在都属于鳍足类。

海狮非常擅长快速变换方向，因此被它盯上的鱼或乌贼很难逃脱。而且海狮还会以家族为中心进行集体狩猎追剿猎物。在剧烈运动之后，作为哺乳动物的海狮，体温会变得很高。这个时候，它们的休息方法便是将前足伸出水面通过空气来降温。狩猎后，一群海狮一起将前足伸出水面的样子，看起来就像是在做同步运动一样，十分有趣。

我们和海豹不一样，我们有小小的耳郭，不过随着演化也快消失了……

By 海狮

海鬣蜥
游完泳后一定要甩鼻涕

以前生活在海洋中的巨大的爬行动物鱼龙和长颈龙与恐龙一起灭绝了。现在，以海洋为生活圈的爬行动物有海蛇、湾鳄以及生活在加拉帕戈斯群岛的海鬣蜥等。

海鬣蜥看起来与陆地上的蜥蜴没什么区别，但它们的尾巴非常宽扁，可以拍水游泳。它们可以长时间在海中待着，吃生长在水下的海草。长时间浸泡在海水中，体温很容易丢失，因此它们的身体是暗褐色的，这样可以更容易吸收太阳的热量。

海鬣蜥最有意思的行为是每次游泳后就一个劲儿地甩鼻涕。这种行为实际上是为了将积存于身体中的多余盐分排出体外。

小档案

海鬣蜥
诞生 800 万年前
喜好 裙带菜一类的海草
特长 晒太阳

加拉帕戈斯群岛上都是一些漂流者的子孙后代，它们不得不为了生存设法改变。

By 海鬣蜥

鳖并不是慢吞吞的动物，奔跑速度很快

龟经常会被说成动作慢吞吞的动物，但实际上并不一定哟。特别是生活在水中的龟类，白天会在岸上晒干龟甲，但它们并不会悠闲地享受日光浴，相反，一旦它们感觉有敌情，就会迅速跃入水中。其中，鳖的速度特别快。鳖平时生活在水底，隐藏在泥中捕猎，但在陆地上它们逃跑时的时速可以超过40千米。

鳖喜欢伸出长长的脖子，然后迅速咬住对方来攻击，它们演化出敏锐的反应力。与龟有坚硬而沉重的龟甲不同，鳖甲又软又轻，虽然它们的血液成分和爬行速度并没必然联系，但有些地区的人相信鳖的血液能补充元气。

小档案

鳖

诞生 2.5亿年前

喜好 美食家，只要是活的东西都喜欢

特长 只露出鼻孔于水面呼吸

以前人们说我咬住人就不会撒嘴，其实把我放回水中我就会松口啦。

By 鳖

鲫鱼

贴在大鱼身上是因为太怕寂寞

鲫鱼

诞生 3000 万年前

喜好 主要吃残渣

特长 水中漂移

鲫鱼属于硬骨鱼中的鲈形目。它们喜欢贴在大型鲨鱼、海龟或鲸的身上，捡拾掉落的食物。

它们的头顶上有能够吸住其他物体的吸盘，这个吸盘的吸力非常强，使劲向后拽也拽不动，而被吸住的大鱼们想要通过快速游泳甩掉它们，却被吸得更牢固。

反之，向前拉的话会很容易脱落，所以每当鲫鱼想离开的时候，只要游得比被吸住的大鱼快一点就能轻易脱落下来了。实际上，它们只有贴在大鱼身上时才能获得安全感，当找不到可以吸附的大鱼时，它们甚至会贴在岩石上生活。

我们讨厌孤独。

By 鲫鱼

水虎鱼
群体行动很凶猛，单独一人时非常胆小

水虎鱼
诞生 1000 万年前
喜好 溺水的家伙最好吃
特长 欺负弱小的家伙

水虎鱼是生活在南美洲亚马孙河的一种肉食性淡水鱼，它的名字在当地语中是“有牙的鱼”的意思，它们嘴中排列着大而锋利的牙齿，电影中经常出现它们吃人的画面。水虎鱼会群集攻击落水的马匹或人。落到水中慌乱拍打的动物就会吸引水虎鱼们过来，它们嗅到血液的味道后，会迅速聚集在一起，兴奋地疯狂吃肉，一瞬间猎物就只剩下骨头了。如此可怕的怪兽，实际上只有在群体行动时才凶猛，如果水族箱中只养一条水虎鱼的话，它也不怎么吃东西。在南美洲，当地人还会食用水虎鱼，还会常常用它们的牙齿来制作理发或剃须用的刀子。这么看来，真正可怕的应该是人类才对吧？

现在，我们也被当成观赏鱼和金鱼一起被售卖，呜呜……

By 水虎鱼

袋熊
特别喜欢追着人跑

袋熊的样子看起来像一只小熊，它们是一种生活在澳大利亚的有袋动物，和树袋熊是近亲。因为它们是在地上挖洞生活，所以育儿袋的开口向下，以免土掉进去。

虽然袋熊们的挖洞能力很强，但因为它们的洞总是给拖拉机或牲畜造成麻烦，所以以前它们总被作为害兽进行驱除。即便如此，袋熊发现人的身影后仍然会紧紧地跟在后面。

另外要说的是，袋熊的便便不是圆的，因为它们屁股上的骨骼特殊，拉出来的便便是成四角的立方体，这不由得让人联想到，它们这样的进化该不会是为了防止标记领地时便便四处滚动吧？

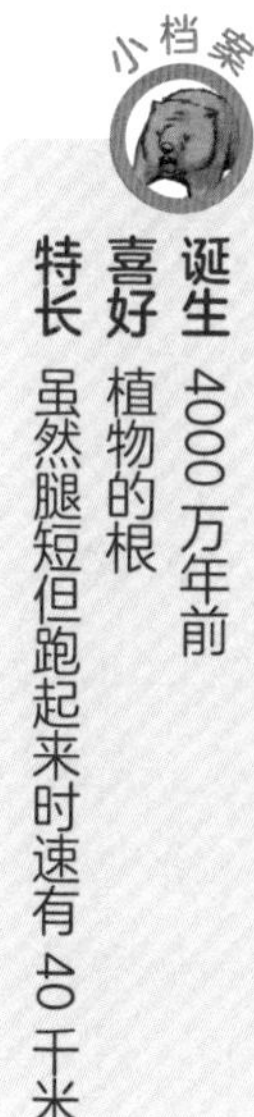

鼻子上长毛的毛鼻袋熊总被叫成鼻毛袋熊。真的有这种事儿哟！

By 袋熊

日本猕猴
喜欢不停地往嘴里塞食物，经常卡住嘴巴

小档案

日本猕猴
诞生 30万年前
喜好 温泉
特长 洗白薯

日本猕猴是日本值得称赞的珍兽之一。作为人类以外生活在最北边的一种灵长动物，日本猕猴身上有两个标配方便它们生存。

一个是屁股上的胼胝，可以像坐垫一样的胼胝方便它们长时间坐在地上；另一个是嘴巴里的颊囊，可以像松鼠一样把食物存在里面。它们会一边儿塞上一个苹果，边走边吃。颊囊的结构很特别，只要把嘴巴微微张开食物便会自动被取出来。

日本猕猴由猴王领导，等级依次排序。猴子地位越低，颊囊的使用率就越高。有时候它们会无休止地往嘴巴里塞太多食物以至没法拿出来，我们时常能够看到它们毛手毛脚慌慌张张地用手去掏嘴的样子。

泡温泉的时候一定要带着小吃和酒。

By 日本猕猴

林羚
跑得快，还会用水遁隐身术来躲避天敌

林羚
诞生 350万年前
喜好 芦苇
特长 跑得快

林羚是一种长得像鹿的牛科动物，生活在非洲。它们的名字在非洲古老的语言中代表山羊或鹿。它们看起来确实很像鹿，从背的中间到屁股有8条左右的白色条纹，这是它们的特征。

这种动物非常擅长游泳，可以长时间在水下潜伏。它们在湖沼多的森林中生活，由于蹄子长，呈V形，水边的泥泞环境也不会弄脏林羚的脚。当天敌来临，它们便跃入水中，像忍者一样只露出鼻子，直到危险离去才出来。

狮子等猫科动物很讨厌水，所以这种方法对待这类天敌非常奏效。林羚生宝宝也喜欢在水边进行——在浮在沼泽上的芦苇丛形成的浮岛上产崽。善于奔跑的林羚究竟为什么要挑战潜水这项技能至今还是个未解之谜。

说到潜水，我可不想输给河马。

By 林羚

腔棘鱼

虽然是鱼，但却用奇怪的姿势倒立着游泳

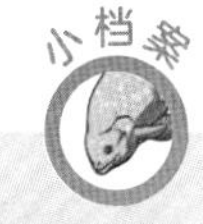

腔棘鱼
诞生 4亿年前
喜好 深海鱼
特长 群体行动

作为活化石之王——腔棘鱼，在距今4亿年前的泥盆纪便出现在地球上了，那是属于鱼类的时代。人们一直认为它和恐龙一起灭绝了。

在20世纪，生活在深海中的腔棘鱼被人类发现，这是科学上的重大新闻。

根据最新的影像记录，人们首次确认了腔棘鱼的游泳姿势——它的头朝下，用8条鱼鳍自在地向后倒着游。这种从未见过的古老泳姿非常令人惊讶！

腔棘鱼的身上还有很多未解之谜，比如现在人们还没发现雄性腔棘鱼的生殖器官，它究竟如何繁殖后代呢？真是一种神秘的鱼啊！

无理的家伙！不要说什么古老的泳姿，我可是你们陆生动物的祖先！

By 腔棘鱼

厉害吗？

拥有超强武器的动物大集合！

乍一看这些动物有许多超强装备，但感觉它们的弱点也很明显啊！

这是最强的化学武器吗？

对小型的天敌也有必要喷射火焰吗？

短鞘步甲

这种虫子屁股的罐子里装了两种化学物质，这两种物质混在一起会发生化学反应，产生接近100℃的高热然后从屁股喷射出去。被这种叫作“火焰喷射器”的必杀技攻击的动物，即使没有被夺去性命，身上也会留下疤痕。虽说这是一种能驱赶天敌的武器，但还是让人觉得破坏力其实有些过剩了。

日本也有这种虫子，见到了可千万别去摸！

用喷射黏液的方式攻击别人

栉蚕

栉蚕又叫天鹅绒虫，长得像蛞蝓，身上有很多足，它是蜈蚣和海星等动物遥远的祖先，是一种原始动物。栉蚕的必杀技是喷射黏液——像丝一样的黏液在空中散开，怎么看都是一种很随机的攻击方法。但意想不到的是这种攻击的效果有相当高的命中率。虫子会被黏液黏住无法动弹，就成了栉蚕的食物。也正是因为栉蚕过早地演化出如此高性能的武器，才能保持古老的形态直到现在。

武器？呕吐物吗？

原驼

生活在南美高地上的原驼是骆驼的近亲，它们的必杀技是毒雾。它们吐出来的毒物是不断反刍后的草，和呕吐物一个味儿，要是被它的呕吐物沾在身上的话，味道一周都消不掉。它的天敌美洲狮如果被这种毒雾喷到的话，很长一段时间内都将食欲大减，甚至什么也吃不下去。

只对哺乳动物有效的武器

臭鼬

臭鼬在紧要关头，会用屁股对着天敌喷出臭气。这种气味和丙烷气体的味道相似，非常难闻，并且能够向周围4千米的范围扩散。这种异臭如果不小心弄到身上就很难去除，是一种极其麻烦的终级武器。有趣的是，这并不是有毒的瓦斯，只是一种单纯的味道。对于嗅觉不好的动物并不奏效，甚至臭鼬还有被捕食的可能。一些嗅觉不灵敏的猛禽比如雕，就能轻易地抓住臭鼬。

使用歪门邪道的远射武器

喷毒眼镜蛇

虽然可以用直接咬的方式来注入毒液，但喷毒眼镜蛇也会用远射方式。这样做虽然很厉害，但让人觉得就像武士用大炮一样犯规了。首先，毒液是从唾液特化而来的，把毒液从嘴里吐出来就像是吐口水，低层次的动物用这种行为也就罢了，眼镜蛇居然有这样的行为还真是有点儿可惜。如果毒液不小心被喷到眼睛里，就会有失明的危险，但如果不进入血管就不会起作用，所以这种攻击并没有多少作用，更多的是用来威吓敌人。

完全没防护

有着会刺伤同伴的危险的刺

豪猪

豪猪全身长满了针刺，有着像铁壁一样的防御功能。它的天敌习惯从后面攻击，所以它的尖刺都集中在后方。当狮子等猛兽想要袭击它时，它的尖刺就会刺向狮子，赶走敌人。但是，这种刺也有麻烦之处，比如交配时或者小豪猪和妈妈亲近时，都有一定的危险。豪猪身上的刺虽然很厉害，但有时候会伤到同伴，这难道也算得上是成功的进化吗？

一味为了防战的铠甲动物

犰狳

犰狳身上有坚硬的铠甲，天敌来的时候只需要把身体蜷成球状就可以保护自己了。除了犰狳，龟和穿山甲也有坚硬的盔甲。它们都没有攻击别人的手段，身上的甲完全只是为了防御。虽然它们崇尚和平，但无论怎样防御天敌都从来没有减少过，这种演化的战略到底是为了什么？我们还残留着疑问。

新宅老师的《失败动物 Q&A》

疾病篇

Q 野生动物有代谢综合征吗?

动物随着年龄的增长，肌肉拉力逐渐减弱，身体变得软塌塌的，不再结实。年轻的时候它们经常狩猎，所以身体很强壮，年龄大了以后狩猎能力会减弱，所以在关键时刻会积蓄营养而变胖，也就是所谓的中年发福。生活在南极的帝企鹅在夏天换羽期时，由于不能再去海里捕食，所以会积蓄营养，变得胖滚滚。所以这种胖与肥胖或代谢综合征还是不一样的。

Q 动物有花粉症吗?

通过对猴子的研究，人们发现了动物也有花粉症。花粉症的过敏原因其实是身体的免疫系统对寄生虫攻击的免疫。现在的食物变得非常卫生，没有需要攻击的对象，就开始对花粉产生过敏反应。因为当身体接触到过敏原时，免疫系统以为这是寄生虫入侵的信号，立刻举旗出兵，实际上却有点小题大做。在动物园，花粉症也会发生在吃着卫生食物的动物身上。

Q 动物也有心理疾病吗?

智商高的动物，会有精神病或情感受打击的情况。特别是在幼崽死亡的时候，有的动物难以接受这种死亡。人们亲眼看到过猴子抱着已经变成木乃伊的幼崽尸体，还有为了不让死去的幼崽沉入水中而一直支撑着幼崽尸体的海豚。

第 3 章

约会系动物大集合

动物们对求婚这件事可真是一丝不苟呢，其中也有些有趣的事情……

大猩猩
面对雌性时会害羞

大猩猩是不是给人一种非常粗犷的感觉？实际上它们喜好和平不好斗，性格羞怯，雄性大猩猩还是个育儿奶爸呢！

大猩猩细腻的性格，在对待雌性的态度上便可以看出了。

雄性大猩猩对待恋情很不成熟，当喜欢的雌性在自己面前时都不去看对方眼睛，总是低着头，一副害羞的样子。就连交配时动作都很笨拙，不熟练。

说到大猩猩的特征，就数它那隆起的大脑袋了吧。在它头顶的最上端，下颌的肌肉边缘附着一块薄薄的叫作矢状嵴的骨头，这块骨头是它脑袋隆起的原因之一。当然，这里还有另外一个小秘密。

雄性大猩猩背部越高越受欢迎，为了能让自己的身材显得高大，

它会在矢状嵴的上面堆积数厘米厚的脂肪层。所以大家稍稍理解一下大猩猩这种细腻的男子气概吧。

总是担心别人的眼神。

By 大猩猩

短尾信天翁

花了太多时间来找对象，已经濒临灭绝了

小档案

短尾信天翁

诞生 8000万年前

喜好 强风（没有强风飞不起来）

特长 用嘴巴敲击出像打响板一样的声音

短尾信天翁不会自己去发现新的繁殖地，目前它们主要在中国钓鱼岛群岛、日本伊豆群岛的鸟岛等地繁殖。它们通过敲打嘴巴发出像打响板一样的声音以及跳热情的舞蹈来求偶，但如果稍觉不满意便很难建立起关系，就算勉强建立了关系，也很难繁育出后代。

另外，短尾信天翁要10年才能达到性成熟，它们伴侣间的关系非常紧密，如果不是配偶死了是绝不会换配偶的。纯洁的爱情固然重要，但物种都快灭绝了还如此理想主义，难道不是问题吗？当然，濒临灭绝的动物多数是人类的恶行造成的，不过对于短尾信天翁来说，就不能单纯地归因于此了。

我们可是非常专一的！

By 短尾信天翁

蜣螂
滚着粪球来搭讪雌性

蜣螂与独角仙都属于金龟科昆虫。蜣螂为了方便移动粪球，头部长有像球状的小铲子结构，另外它们还可以倒立着向后推粪球，把粪球运到安全的地方或自己的巢中。

雌性蜣螂会在粪球中产卵，孵化出的幼虫就生活在粪球里。幼虫最喜欢各种动物的便便，当然这里的粪便主要限于食草动物的便便，这些便便里有没有被消化完的营养丰富的草料。

所以，雄性蜣螂会滚着粪球来吸引雌性，如果雌性对这个粪球满意，就和雄性一起推粪球。不过因为是向后推，所以看不到前面的路，经常会把粪球推到沟里或掉下悬崖。如果是一个优质的粪球，就可能被其他蜣螂抢走，所以可不能走神儿。

小档案

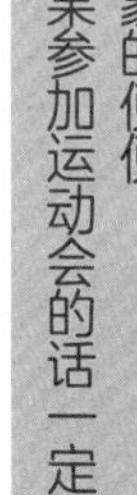

蜣螂
诞生 1600万年前
喜好 大象的便便
特长 如果参加运动会的话一定不会输

在中东地区我们被称为“圣甲虫”，被看作神的使者……

By 蜣螂

长鼻猴

鼻子越大越受雌性欢迎

生活在东南亚地区的濒危动物长鼻猴长着又长又大的鼻子。这样的鼻子只有成年的雄性才会有，鼻子越长越受雌性的欢迎，所以有些猴子的鼻子长得耷拉下来把嘴巴都遮住了。

为了博得雌性的欢迎，雄性长鼻猴宁可给自己造成不便也不在乎，吃饭的时候因为鼻子长的缘故要用一只手把鼻子抬起来才能吃东西。由于长鼻猴的主食是树叶，所以它们有像牛等反刍动物一样袋状的长胃，肚子也很大。

长鼻猴生活在有河流的热带丛林中，不像其他种类的猴子那样不善于游泳，它们手指间有蹼，非常擅长游泳。它们还能从高15米的树上直接跳入水中。

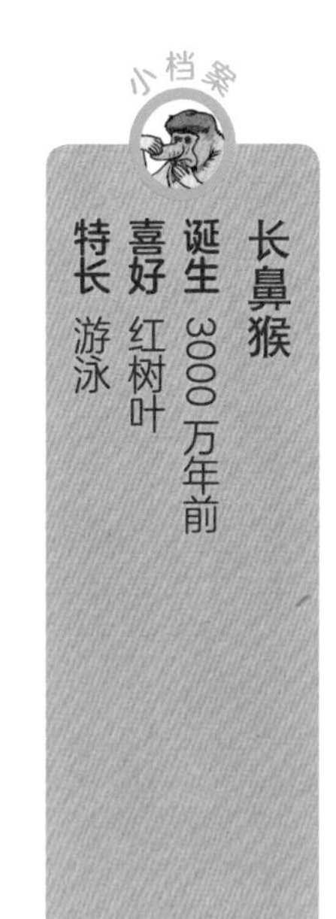

雌性长鼻猴以及小猴的脸和普通猴子没区别。

By 长鼻猴

流苏鹬
相亲大会时雄鸟喜欢演戏

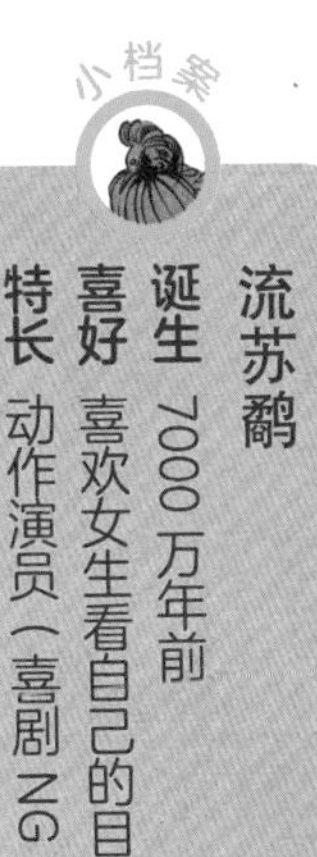

流苏鹬的求偶行为非常复杂，一到繁殖期，雄性流苏鹬的颈部就会长出柔软的像围巾一样的羽毛，而且有白围脖和黑围脖两种，看起来就像是两种鸟一样。

雄鸟和雌鸟会在求偶场地聚集起来进行相亲，黑围脖的雄鸟最受雌鸟欢迎。如果一只白围脖的雄鸟故意从一只正在求爱的黑围脖雄鸟前经过，黑围脖雄鸟就会去攻击那只白围脖的雄鸟，然后在雌鸟面前强势地展现自己，这样便能成功俘获雌鸟的心了。

但这全是雄鸟们事前商量好演的戏而已。白围脖雄鸟似乎也并没在这之中有什么损失，它们会悄悄地趁黑围脖雄鸟吵架的时候和雌鸟交配。

我是白围脖，如果黑围脖对我的攻击略有激烈的话，我也会中断表演哟。

By 流苏鹬

娇鹟
求偶的时候需要有徒弟的帮助

娇鹟是一种很奇怪的鸟，它们会建立师傅与徒弟关系，就像日本歌舞伎中见习的舞伎一样。生活在中美洲哥斯达黎加的长尾娇鹟和麻雀差不多大，当两只雄鸟同时站在一根树枝上的时候，就决定了它们会成为师徒关系。

当雌鸟来时，它们就跳起各种舞蹈向雌性求爱。师徒二鸟一会儿跳双人舞，一会儿像玩跷跷板一样来回跳得气喘吁吁，交替上演着高难度的舞蹈。

这种行为并不是本能，而是日夜练习舞蹈和声乐的血汗成果。能够与雌鸟配对成功的都是师傅，而想成为师傅则要花上10年工夫。要想获得雌鸟的认可，过硬的舞蹈基础是不可或缺的。

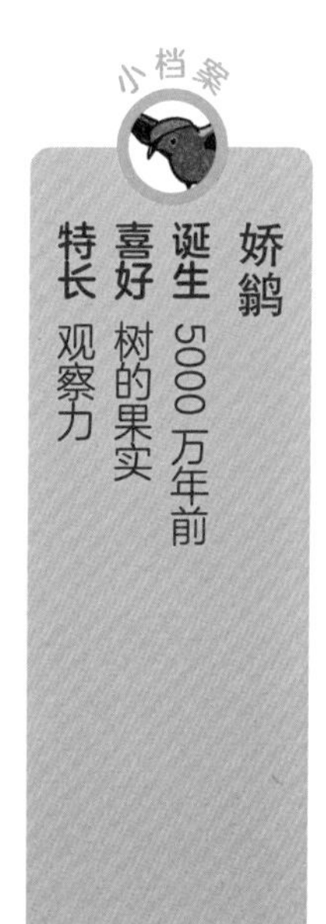

演艺的道路非常难走，还好有师傅陪着我。

By 娇鹟

圣诞仿地蟹

每年都要在海边来一场大聚会

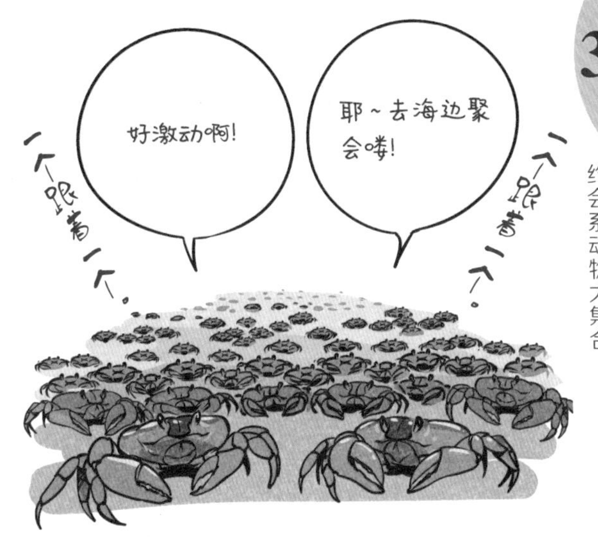

在澳大利亚西北部的印度洋上，有一座岛叫圣诞岛。这个岛上有一种特有的奇怪螃蟹——全身红色的红蟹。

这种生活在陆地上的螃蟹平时在山林中生活，以落叶和树木的果实为食。但到雨季开始时，也就是每年刚过10月的一个下弦月满潮的日子，它们会一起从山林中出去，用一周的时间走到海边，数量可达千万只，而目的是相亲。

迁徙的队伍就像熔岩，从山上直线向下。就算路过当地的民居，它们也会若无其事地横穿而过；就算伙伴被汽车轧死也依然不管不顾地继续向聚会点前进。因为它们的数量实在是太多了，所以就算鸟类来捕食也吃不光它们。

小档案

圣诞仿地蟹

诞生 1000万年前

喜好 不会让人迷路的东西

特点 像法拉利一样的红色

虽然一直没有天敌，但最近我们却受到了外来蚂蚁的袭击……

By 圣诞仿地蟹

蟾蜍
雄性蟾蜍叫声越大越受欢迎

蛙类求偶时，叫声越大的雄性越受欢迎。不过叫声越大，也越容易把自己所处的地方暴露给天敌。能够勇敢地大声叫并且还能存活下来的雄性一定有着更优秀的能力，雌性也会以此来判断一只雄性是否合格。

最近有研究发现，为了吸引雌性而大声叫唤的雄性通常躲在很隐蔽的地方，而有一些雄性却很安静，它们在发现雌性的时候会趁机横刀夺爱。这种偷偷摸摸横刀夺爱的战术在动物行为学中被称为sneaker（鬼祟的人），这个词来源于跑步时不会发出声响的运动鞋。原来在动物界中也有靠着坏主意生活的家伙呀！

那么卖力太麻烦了。

By 蟾蜍

多指鞭冠鮟鱇
雄性在交配前会先吸住雌性

多指鞭冠鮟鱇属的种类一共有18种，它们生活在水深200米左右的深海中。在没有光的深海中寻找食物是一件非常麻烦的事，多指鞭冠鮟鱇最有名的是它们头上的发光器，可以通过发光来吸引猎物。但比猎物更重要的，是在深海中寻找配偶。之前，科学家只发现过雌性的多指鞭冠鮟鱇，人类一直认为这种鱼没有雄性。后来在雌鱼身体的表面发现有一个像寄生虫一样的小东西，经过仔细研究才知道原来这就是雄鱼。人类没有发现过单独生活的雄性多指鞭冠鮟鱇，因此还存在着许多未解之谜。雄性一旦遇到雌性多指鞭冠鮟鱇，便会用自己的嘴咬住雌鱼的身体，之后雄性就成为雌鱼身体的一部分，就连大脑和心脏都逐渐消失了。

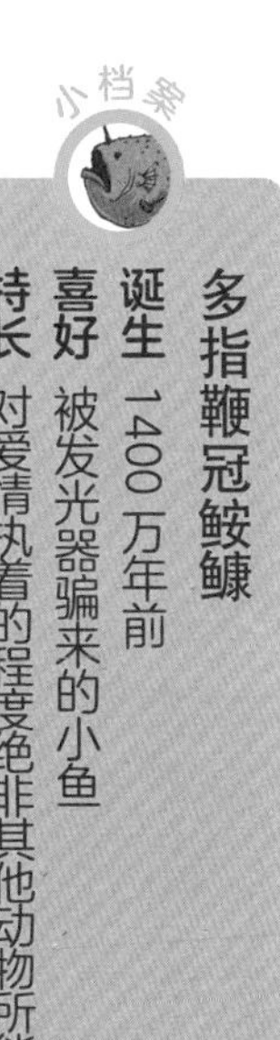

如果能够改变出身的话，变成人类也很好啊。

By 多指鞭冠鮟鱇

海豚
约会时会被阿姨们一直盯着

水族馆表演中非常受欢迎的海豚是一种智商很高的动物。它们在集体狩猎鱼群时，会带着同伴一起，根据不同的地点和目标群体来设置不同的圈套。

海豚还能通过超声波与同伴进行交流。当雄性在向雌性求爱的时候，会用海草做的花束作为礼物送给雌性。如此浪漫的行为，也让人能感受到它们的高智商。

另外，对于第一次结成伴侣的海豚夫妻，或许是长辈在半开玩笑——有繁殖经验的雌海豚们会守着它们约会，并给予帮助。

在新婚之夜，“造豚”工作不顺利的时候，“大妈们”便登场了，它们会用身体推动新婚夫妻，貌似是在说“加油，加油啊”。

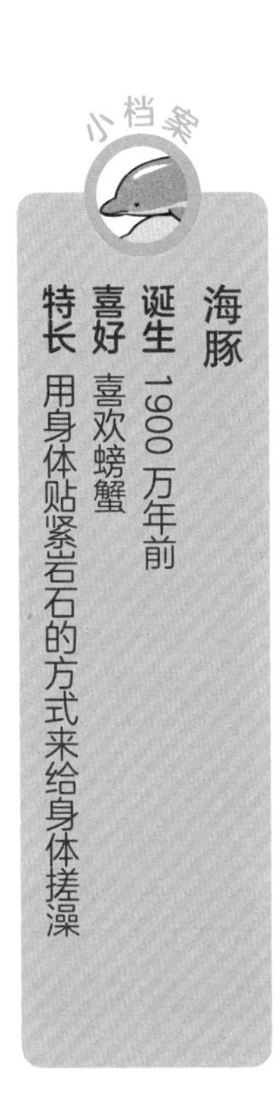

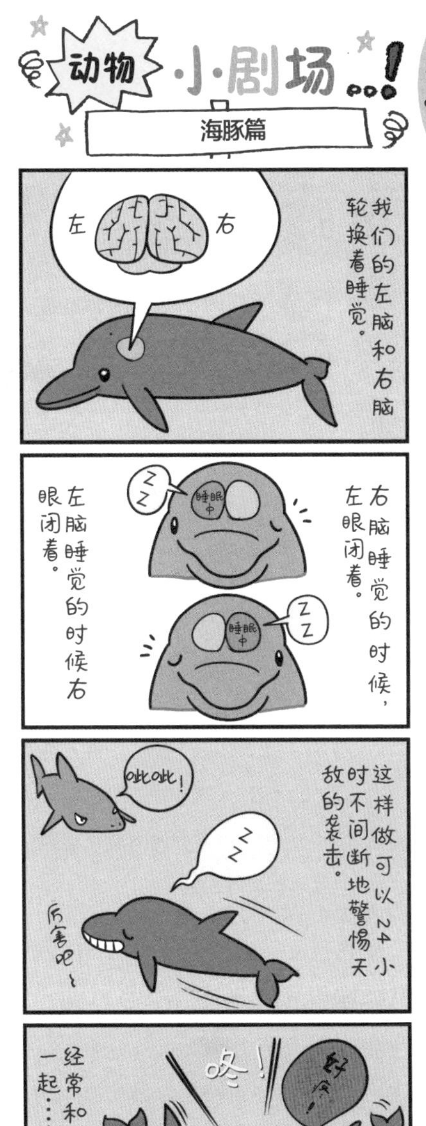

所以当群体里个性强的一些老手出现时，或许不但不会让年轻的海豚安下心来，反而会让它们感到困扰呢！

雄性海豚太调皮了，所以水族馆里养的全都是雌性。

By 海豚

座头鲸
可以连续20个小时不间断地唱歌求偶

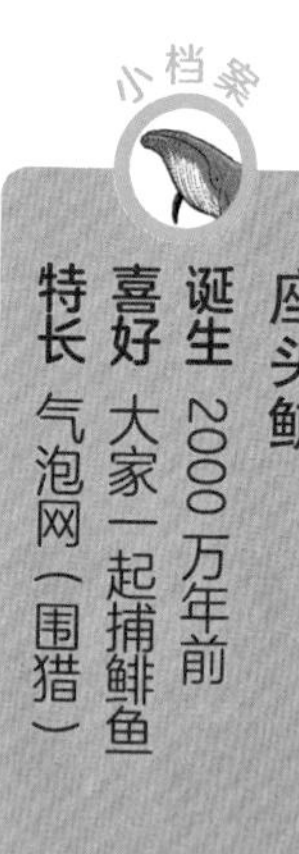

鲸在求偶的时候通常会通过声音进行交流。相比空气，声音在水中可以传播更远的距离，所以在地球大洋中迁移生活的鲸类可以进行相当远距离的交流。

这其中，座头鲸作为一种会唱歌的鲸被人们所熟悉。座头鲸的声音并非是单纯的不规则鸣叫，而是像歌曲一样有旋律和小节，并反复循环。歌唱时间一般都是从几分钟到30分钟，但也有近20个小时连续唱歌的纪录。

另外，不同地域的座头鲸唱的曲调也不同，而同一个区域的座头鲸还会共同创作完成一个曲调。不单是地域差别，不同的时代流行的歌曲也是不一样的呢！

整个地球都是我们的KTV包厢。

By 座头鲸

海龟

雄性找到雌性后就会一个接一个地叠上去

小档案

海龟
诞生 1亿年前
喜好 喜欢水母（有剧毒的水母也不怕）
特长 雌性海龟爱流眼泪

虽然海龟的四肢可以像鳍一样在水里游泳，但它们属于爬行动物，所以并不能用鳃呼吸，而是时不时地会把头露出水面呼吸空气。

雌性和雄性海龟的约会地点至今还不清楚。从有限的目击记录来看，到了繁殖期的海龟很不容易。雄性海龟会不断地寻找雌性，一旦见到雌性海龟便从上面抱住它紧紧不放。两只海龟抱在一起时活动不便，但还会不断有雄海龟过来，从上向下抱住层层叠加。

叠得太高，就会有海龟们一起沉入水中无法呼吸的可能，真是危机四伏的求偶行为啊。甚至有的雄性海龟急着交配时会把儒艮当成雌性海龟紧紧抱住呢。

只要能抱住，谁都可以。
By 海龟

海獭
交配时雄性会咬住雌性的鼻子

海獭是鼬科动物，它们浮在水面上可爱的样子就像一只活的玩偶，是非常受人欢迎的动物。

为了御寒，它们演化出哺乳动物中最密集的毛发，大约有8亿根，平均每平方厘米有10万根毛。为了打理毛发，它们的手指演化成像刷子一样的结构。我们时常能看到它们洗脸或清理身体的可爱样子。

海獭还是一种能够使用工具的动物，在这方面，除了灵长类，那大概就数海獭最厉害了。它会将贝壳放在自己的肚子上，然后用石头把贝壳敲开吃掉。

海獭会把自己喜欢的石头或者没有吃完的食物放在左腋下像口袋一样的地方，然后收紧，这么可爱的行为着实惹人喜爱。

在人类中有高好感度的海獭在交配的时候是在海上。由于在海面

上会摇摇晃晃的，雄海獭会咬住雌海獭的鼻子以固定身体。有时候雌海獭的鼻子被咬的伤口恶化会导致死亡……海獭啊，你们不要偷懒直接到陆地上交配不是更好吗！

海獭小玩偶看起来又小又可爱，但其实我们有130厘米长呢。

By 海獭

蝎子
雄性的舞跳得不好就无法吸引雌性

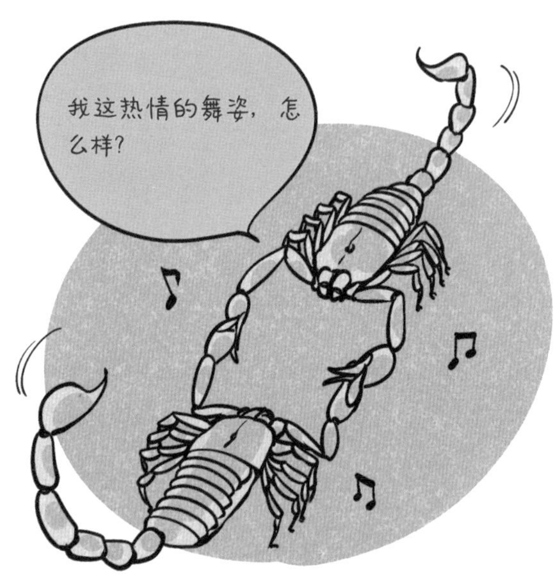

蝎子早在4.3亿年前就出现在地球上了，和蜘蛛是近亲，是现存于陆地上最古老的节肢动物，堪称活化石。

蝎子的尾巴上有毒针，通过毒针可以把猎物杀死吃掉。虽然蝎子会给我们一种有剧毒的印象，但世界上一千多种蝎子中只有25种是有剧毒的。

蝎子恐怖的样子和它的毒针，令很多人感到害怕。但这种外表恐怖的动物在恋爱这件事上非常投入。雄性蝎子和雌性并不直接交配，而是会先来一场被称为“婚姻之舞”的仪式。雌雄两只蝎子用钳子捏在一起，像跳交际舞一样有节奏地运动，然后雄性蝎子会将装有精子的精囊当成礼物送给雌蝎，如果雌蝎感到满意的话就会把精囊放在自己生殖口的位置，完成授精。

在一些地方我们被做成油炸蝎子……据说跟炸虾一样美味。

By 蝎子

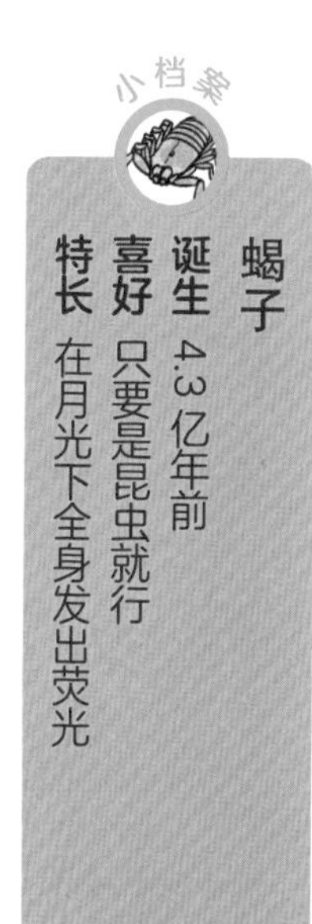

萤火虫
雄性萤火虫会被假扮成雌性的女巫萤吃掉

全世界大约有2000种萤火虫，这是一种非常不可思议的昆虫，它们能发光。萤火虫的光是利用一种叫荧光素的物质产生化学反应而发光的，亮且不会产生热量。

不仅是雄性萤火虫，雌性和幼虫也能发光。虽然目的尚不明确，但发光的时间长短在种类间都有差别，这样它们就能通过光来寻找同类进行求偶。

近年来人们发现有的萤火虫会用光来做坏事。它们会模拟其他种类雌性萤火虫发光的频率来吸引雄性，然后趁机将其捕捉吃掉。这种萤火虫真是恐怖啊！

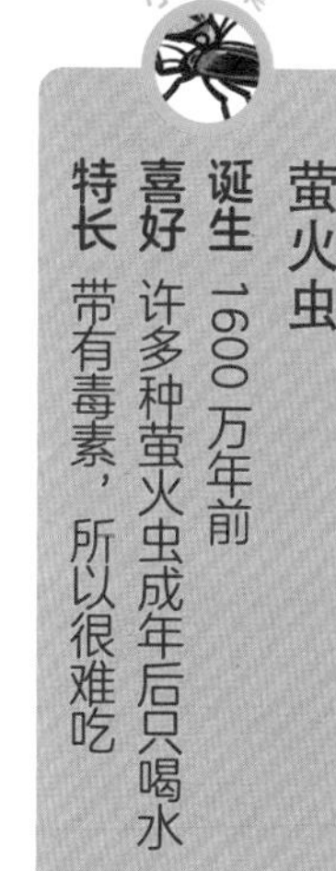
小档案

萤火虫

诞生 1600万年前

喜好 许多种萤火虫成年后只喝水

特长 带有毒素，所以很难吃

其他种类的雄性萤火虫，别被迷人的光线所迷惑了哟！

By 女巫萤火虫

动物热搜话题！

时髦动物大集合！

从动画片中的角色到社会新闻，各种时髦的动物都到场啦。

疑似山寨的动物

皮卡丘海牛

和人气动画皮卡丘的角色超像！

生活在海洋中的海蛞蝓，有一种叫作皮卡丘海牛的种类，通过它们的名字就能知道，它们长得简直和宠物小精灵中的皮卡丘一模一样。不过，这个名字只不过是宠物店出售它们时起的商品名罢了，它们真正的名字叫太平洋被鞘鳃。不过，这个商品名显然更有知名度。

当然，它是在皮卡丘诞生前就存在的动物啦！

时髦到头的动物

和英雄蜘蛛侠长得一模一样

蜘蛛侠蜥蜴

生活在非洲的普通鬣蜥，常常被称为蜘蛛侠蜥蜴。它长得不像蜘蛛，而是和美国漫威漫画《蜘蛛侠》中的蜘蛛侠长得很像。它的前半身是红色，后半身是蓝色，和蜘蛛侠的服饰类似，而它行动的样子也能让人联想到蜘蛛侠呢。

色彩鲜艳得像食物一样

果汁宾治海牛

果汁宾治（fruit punch）是将水果切成小块，再加上果浆的一种食物。因为色彩鲜艳，所以才会有这样一个名字。而角海牛在幼年的时候被称为“果汁宾治海牛”，但到了成体它的颜色就会发生变化了。

网络也向动物世界发展

互联网海牛

互联网海牛是它的日本名，中文名叫冲绳瘤背海牛。冲绳瘤背海牛的背上有10个左右的突起，整个身体的线条将它们连在一起，完全就像是一张互联网。海牛的名字真是多种多样，令人惊奇。

接纳难民的动物

戴安娜长尾猴

黑猩猩群体中有一些能记住肉的味道的家庭，它们会捕捉比自己小的猴子吃，比如红疣猴。被盯上的红疣猴会逃到跟自己完全不是一个种类的戴安娜长尾猴的群体中。戴安娜长尾猴群不仅会接纳它，而且在黑猩猩来袭时，会尽快发出警戒的声音。

动物世界中也有难民问题啊！

好打扮的优雅乌鸦

黑喉鹊鸦

全身乌黑、招人讨厌的代表——乌鸦。乌鸦的群体中也袭来了追求美的风潮。生活在墨西哥森林中的黑喉鹊鸦的头上有像冠一样美丽的装饰物，它的腹部全白，羽毛呈天鹅绒般的蓝色，有着倾国倾城的美貌。

元祖·家里蹲虫

蓑蛾

昆虫的世界中也会有闭门不出的家里蹲虫子。蓑蛾的幼虫会用强力的丝将树枝或叶子裹在自己身体外面，做成蓑囊。雄性成虫会长出翅膀变成飞蛾，而雌性一辈子都在蓑囊中生活并在蓑囊中产下近1000枚卵，真的是大门不出二门不迈啊。

从秋天到冬天，全日本都可以见到蓑蛾哟！

终于到了女性活跃的社会

狮子

在狮子群体中，有时可以看到一只雌性首领。难道说女性主导的社会在狮界中产生了吗？而成为首领的雌狮，脖子周围会长出一圈隐约可见的鬃毛，显现出雄狮的威严。担任了首领这一角色后，身体也会自然地发生一些改变，真是不可思议的现象。

新宅老师的《失败动物 Q&A》

能力篇

Q 脑袋好使的家伙能成为群体的首领吗?

有个实验是这样的，一只能够理解人类语言的天才黑猩猩回到了群体中，但是这只黑猩猩并没有变成首领，因为它没办法传递自己的知识。所以并不是只要脑袋好使就能成为首领，在猴子们的世界里，它们并不会认为人类的知识很重要。那么，身强体壮的才能成为首领吗？在猴子和狼中，年老的个体能成为首领的例子也有被证实的，所以力量也并不一定是重要的。成为首领的重点是，能够有让群体随之前进的魅力吧。

Q 动物也会认生吗?

和宠物及家畜不一样，野生动物基本全都会认生。要问为什么，那是因为它们为了能够生存下去，必须要有分辨对方是敌人还是同类的能力。这种感觉或许有点儿类似于我们见到外国人的感觉。当然，也有袋熊和倭黑猩猩这样的例外。

Q 动物怎样才能算成年了?

小孩子的行为只是为了自己，而大人的行为是会为了保护某人、养育孩子、承担责任和尽义务。麻雀和灰喜鹊如果没有配偶，也会帮着给其他同类的孩子运送食物。也就是说，当开始为了别人而行动时，动物们就成年了。

第4章 奇怪的育婴方式大集合！

没法模仿。

养孩子的方式也多种多样啊！

帝企鹅
巢离有食物的大海非常远

帝企鹅是所有企鹅中体形最大的，它的体长有130厘米，体重能达45千克。一说到企鹅，我们就能想到南极，但实际上很多企鹅都在南极以北的地方繁殖，而帝企鹅只是其中少数在南极繁殖的企鹅。

帝企鹅被认为是世界上育儿环境最严酷的鸟类。不单单是零下60℃的严寒，还有它们对繁殖地的选择也很特别。

它们在离海边160千米的内陆建立繁殖地。严寒中，雄性帝企鹅用自己脚上的趾甲来给卵进行保湿，而且要连续120天不进食。

而雌性的帝企鹅要摇摇晃晃地步行160千米，不吃也不喝地到海边去给雏鸟寻找食物。它们在如此远离海岸的地方进行繁殖被认为是为了躲避天敌，但或许在还没被天敌攻击前自己就先累死了。

奇怪的育婴方式大集合！

帝企鹅的宝宝们被放在一个像托儿所的群体中保护起来，等待着雌性帝企鹅回来。这些帝企鹅并不知道外面快乐的世界，所以世世代代忍受着这样的极端环境繁衍生息。

我们能潜到海下 500 米待上 20 分钟。鱼？这里基本没有鱼啦。

By 帝企鹅

几维鸟 卵太大了，没法全都围住保暖

新西兰有着奇特的生态系统，这里除了蝙蝠就没有其他的哺乳动物了。而且这里也没有蛇，所以对于鸟类来说新西兰是一个巨大的乐园，因此这里生活着许多鸟类。其中最有意思的一种鸟叫作几维鸟，它的名字源于它的叫声。几维鸟跟鸵鸟基本一般大，翅膀几乎完全退化，而足则很粗壮，夜里会在森林中来回走动。

一般的鸟类视力好但嗅觉差，几维鸟则相反，它的视力差嗅觉却敏锐——它们的嘴巴上有像感受器一样的胡须。雌性的几维鸟可以产下相当于自己体重四分之一的卵，而孵卵的任务则是雄鸟来做。但是因为卵太大了，雄鸟很难一次将整个卵围住，因此卵的上下温差能达10℃。

小档案

几维鸟

诞生 200万年前

喜好 拥有长长的嘴巴，只要是能吃的东西都喜欢

特长 嘴巴像拐杖一样行走

我们的数量曾经多达1000万只，但现在只剩下3万只了，好寂寞啊。

By 几维鸟

撒哈拉银蚁
群体出动寻找食物，如果迷路的话就会全员灭亡

小档案

撒哈拉银蚁

诞生 3000万年前

喜好 沙漠中不耐热的动物

特长 工作效率高

最近，在非洲的撒哈拉沙漠地区发现了一种蚂蚁，名字叫撒哈拉银蚁。它们全身覆盖着金属一样银色的毛。在温度超过40℃的撒哈拉沙漠，什么生命也没有办法长时间在这里生活，在太阳的照射下，沙漠表面温度有时会超过70℃。

而生活在沙漠里的撒哈拉银蚁，即使身上像穿了消防服一样的衣服，也不能在日照下长时间活动，因为分秒间就会影响生与死。所以它们平时会在蚁巢边上等候，一旦感觉到有虫子落下发出的振动时，就会马上推算出最短距离然后全体出动捕捉猎物。因为不小心迷路的话就会有性命之危，所以它们会记住太阳的位置和走路的步数，完成捕猎后再火速赶回蚁巢。这一切都是为了后代的食物。

虽然我们能记住步数，但还是希望有一台计步器。

By 撒哈拉银蚁

草莓箭毒蛙
通过尿尿来孵卵

抚养后代是鸟类和哺乳动物的特点之一，但在其他种类的动物中也有这样做的，例如在嘴中保护后代的鱼类、照顾孩子的蛙类、保护幼崽不被天敌袭击的鳄鱼等。

南美洲有名的剧毒蛙类——草莓箭毒蛙夫妇就会一起照料后代。特别是雄性是非常有名的超级奶爸。雌性在落叶上产卵后，雄性为了不让卵干燥，会一直往上面尿尿以保持卵的湿润，直到它们孵化成蝌蚪。

当卵孵化成蝌蚪后，雄性草莓箭毒蛙会认真地将每一只蝌蚪都搬到像菠萝的叶子那样坚硬的叶片间积水中。

这些蝌蚪的食物是那些没有受精的卵。为了让雌蛙产下未受精的卵来喂养后代，雄性会一直在旁边唱着求偶的歌曲，被歌声感动（受到求偶声的刺激）的雌性因此可以分泌荷尔蒙制造出卵子，它们会在每只蝌

草莓箭毒蛙

诞生 2.5亿年前

喜好 有毒的蚂蚁

特长 体表会分泌动物界中最强的毒液

蚪的嘴边产下一枚卵。

为了不搞错地方，产下未受精卵的时候通常由雄性来引导方向。这么好的超级奶爸作为青蛙真是有点儿浪费了呢。

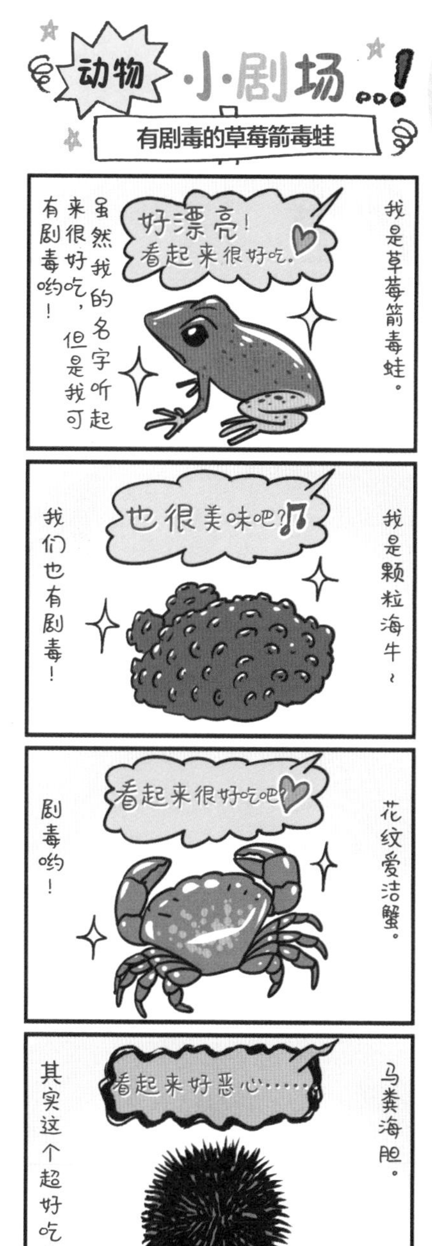

没能取得产假的男职员，可以向我学习一下。

By 草莓箭毒蛙

负鼠
把装不进育儿袋的孩子背在背上

负鼠看起来外表很像老鼠，但实际上它们和袋鼠及树袋熊一样都属于有袋动物，也会将自己的孩子放入育儿袋中抚育。有袋类动物是澳大利亚的特色动物，但在美洲大陆也残存着负鼠这样的有袋动物。

负鼠的妊娠期有12天左右，是哺乳动物中最短的，有着和虫子、鱼类一样的生产速度。另外，它还是哺乳动物中最能生的，一胎能生十几只幼崽，最多有一胎56只的纪录。

但是，负鼠产崽的数量往往会超过自己乳头的数量，而且幼崽也常常无法全都塞入育儿袋中，所以外出活动的时候就要背着放不下的幼崽。哎，负鼠你们能不能控制一下自己的产崽数量，做一下生育计划呢?

小档案

负鼠
诞生 9000万年前
喜好 蛙
特长 用尾巴挂在树上

对付天敌的绝招是装死。这个演技上谁也赢不了我。

By 负鼠

蓝鲸
幼崽一天要喝掉600升奶

作为地球上最大的动物，蓝鲸的体长超过30米，平均体重超过100吨，就算是已经灭绝的恐龙都几乎没有超过它的。蓝鲸的声音也很大，可以与数百千米外的同类交流。

如此的庞然大物，却最喜欢吃几厘米大小的磷虾。它一口能吞下100吨海水，用像刷子一样的鲸须将磷虾过滤出来，每天要吃掉4吨。蓝鲸的幼崽刚刚出生时体长7米，体重3吨，每天体重要增加90千克。蓝鲸也是哺乳动物，所以幼崽喝母乳。因为长身体的需要，它们每天所需的乳量有600升，相当于3桶泡澡水。

小档案

蓝鲸

诞生 2300万年前

喜好 小虾米

特长 大声叫时声音有180分贝，而喷气式发动机大约是140分贝

我们死后会有大量的油脂流出，会造成海洋污染，实在不好意思。

By 蓝鲸

裸鼹形鼠 它们的工作职责在出生时就被决定了

裸鼹形鼠是20世纪后半叶发现的珍禽异兽，它们像鼹形鼠一样，在非洲的稀树草原里过着打洞的生活。

裸鼹形鼠有着向外生长的门齿，这是为了防止在挖土的时候把土弄到嘴里。它们身上没有毛再加上大龅牙，丑陋又可爱的样子非常引人注目，但真正有意思的不是它们的容貌，而是它们的社会结构。裸鼹形鼠是哺乳动物中唯一一种有着真社会性结构的奇特动物。

真社会性结构的代表是昆虫中的蜜蜂——只有蜂王负责产卵，其他工作都交由工蜂承担，而裸鼹形鼠中也有着同样的社会结构。

裸鼹形鼠的家庭中有着多样的职责分工。王后是顶级，而士兵负责同蛇等天敌战斗，还有的裸鼹形鼠专门负责翻修房子、卫生清洁、照顾幼崽等，甚至还有的裸鼹形鼠负责专门用自己的身体给幼崽当裤子以温

裸鼹形鼠
诞生 5500万年前
喜好 树根
特长 在洞穴里倒着跑

奇怪的育婴方式大集合！

暖身体。

除此之外，它们还有着严密的等级制度，雌性裸鼹形鼠一旦沾上王后的尿液就会失去生育能力，不管王后走到哪里，所有的成员都要以身体上仰、把手腕抬起的姿势向王后敬礼。

秃毛、龅牙、大耗子……不要再用这些词来称呼我们了。

By 裸鼹形鼠

行军蚁
蚁后一天可以产10万枚卵

说到蚂蚁，我们就会想到数量众多的蚂蚁生活在蚁巢中的样子。你知道吗？也有的蚂蚁过着流浪的生活，它们并不筑巢，而是像军队一样一边行进一边生活。

生活在非洲的行军蚁蚁后一年中可以产下5000万枚卵。由于所有的卵都是同一蚁后所产，所以这些后代工蚁彼此之间全部都有血缘关系。行军蚁如果不这样大量产下后代就没法保证种族的延续。

在非洲和印度的热带地区生活着一些行军蚁，一个行军蚁家庭有多达2000万只个体。它们会互相帮助彼此，不需要手便可以搭建起一架桥。

小档案

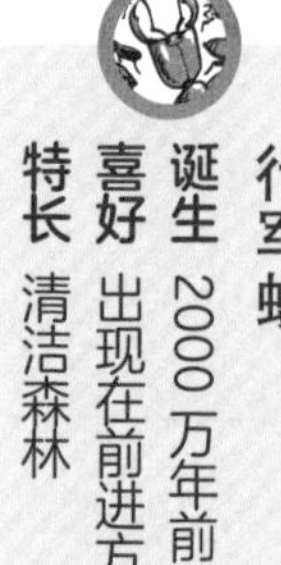

行军蚁

诞生 2000万年前

喜好 出现在前进方向的东西

特长 清洁森林

见到我们的队伍，连猛兽都要逃跑。

By 行军蚁

麻雀
如果相亲失败，就会去做家政服务

小档案

麻雀
诞生 3800万年前
喜好 人类喜欢的稻米
特长 生活在人类周围

麻雀就生活在我们周围，虽然经常见到但却对它们缺乏深入的了解。跟其他种类的鸟相比，研究麻雀的学者就很难得，因为几乎没有人愿意把它们作为研究对象。

最近，日本环境省的一项调查结果显示：与1960年相比，麻雀在日本的数量减少了十分之一，全国总数量不超过2000万只。而在英国麻雀已经减少了近9成，全世界的麻雀都出现少子化（即出生率降低）的严重问题。近年来的研究发现，相亲失败、时间充裕的麻雀有帮助其他陌生麻雀抚养后代、寻找食物的行为。未来麻雀的少子化问题将会怎样呢？

从外表很难区分出我们的雌雄。
By 麻雀

大杜鹃
擅长利用别的鸟来帮自己养育孩子

动物越进化就越会照顾下一代，它们会用自己的生命保护孩子，一直抚养它们直到它们能够独立生活。鸟类中的亲子关系特别强，但大杜鹃却偏偏利用那些热衷于养育孩子的鸟类，让它们帮着自己照顾孩子。

大杜鹃不去筑巢，而是会把自己宝贵的下一代寄托在别的鸟巢中。它们喜欢把体形小、孵化慢的大苇莺作为自己的目标。在大苇莺亲鸟不在巢中的时候，就偷偷地潜入其中产下一枚自己的卵。但由于这样会造成巢中卵的数量不一样，所以它还会把巢中的卵扔掉一枚。

比巢主人自己的卵更先孵化出来的大杜鹃雏鸟，会将巢中其他的卵用后背全都推出巢外。大杜鹃雏鸟的后面非常平，这是为了能方便把寄主的卵推出去。寄主亲鸟即使感觉到可疑，但一看到雏鸟嘴中的颜色，

大杜鹃
诞生 3700万年前
喜好 毛毛虫
特长 雄性会咕咕地叫

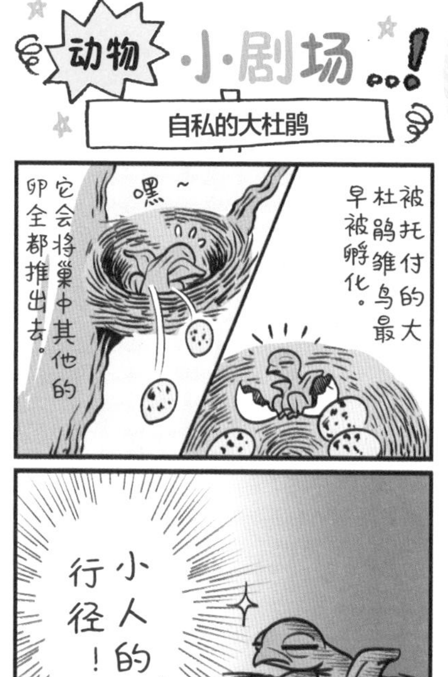

听到它的叫声，便会本能地去喂养它。

就算被托养的大杜鹃雏鸟长得比寄主亲鸟还大了，还会继续厚脸皮地向它们讨要食物。父母就是父母，永远把孩子当孩子啊！

其实可以试着自己在巢中养一次孩子。

By 大杜鹃

银色乌叶猴
会生出一身黄毛的宝宝

银色乌叶猴
诞生 500万年前
喜好 树叶
特长 大家一起在树冠散步

银色乌叶猴生活在东南亚的森林中，属于猴科动物，濒危种类。乌叶猴的英文“Lutung”就是吃叶子的意思，因为这种猴子主要就是以树叶为食。成年的银色乌叶猴身上长着银灰色的毛，非常漂亮，所以才有了“银色乌叶猴”的美名。不过，刚刚出生的小猴全身长着耀眼的金黄色毛，很容易被误认为是其他种类。

这种金色会保持3个月左右，然后就会向成年的银色毛转变。在别的种类中，刚刚出生的东黑白疣猴的小猴是白色，但东黑白疣猴就能理解颜色是会变化的，会群体一起照料孩子。而银色乌叶猴只有母亲会去照顾小猴，为什么它们对小猴的黄色总是不认同？只有母亲去照顾小猴不是很危险吗？

一只雄性和数只雌性会组成一个族群。如果有新的雄性取代以前的雄性，有可能会发生杀子事件。好可怕啊……

By 银色乌叶猴

奇异多节指蟾

父母比孩子小很多

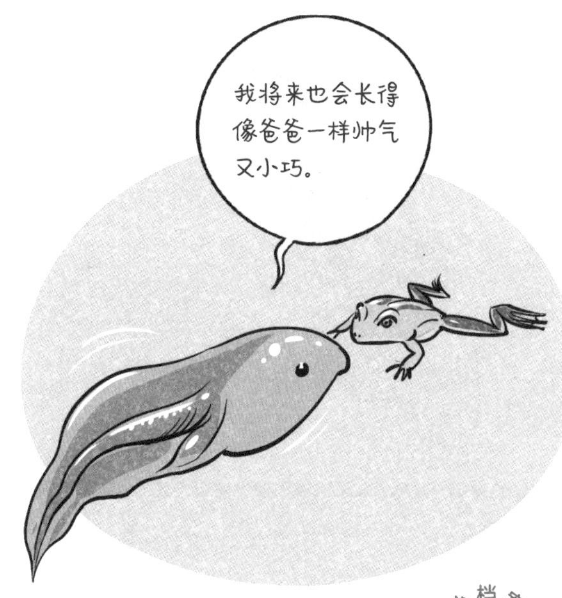

蝌蚪的父母可不是鲇鱼。虽然它们没有四肢，长得像鱼，和蛙类父母长得完全不一样。它们的成长过程就像快速再现数亿年间水生动物向陆地动物演化的过程。

蛙类中也有许多不可思议的物种，虽说多数蛙类小的时候都是蝌蚪，但也有一些从卵孵化出来便是成体的样子。这其中还有让研究人员非常头疼的种类——奇异多节指蟾。成年的奇异多节指蟾体长约7厘米，但它的蝌蚪超过了22厘米，以至于有些学者误认为它们是不同的种类，甚至认为成年的奇异多节指蟾变态成蝌蚪。还有更好的解释是它们这是为了在天敌面前保护自己。这其中的谜团还等着你去解开呢！

我可不是蟾蜍哟！

By 奇异多节指蟾

小档案

奇异多节指蟾

诞生 1500万年前

喜好 小虫子

特长 缩小

难得一见！

24小时追踪隐居的动物！

这里集合的动物很难看见它上厕所、吃饭，有的甚至整天都见不到身影。

很难目击的画面 24

见不到它拉㞎㞎的画面

树懒

作为动物中最难见到的画面第一名，就是树懒上厕所的画面了。树懒平时几乎不怎么活动，慢慢悠悠地过着日子，吃的东西也很少，每周只拉一次㞎㞎。而且，因为它们在地上移动的速度非常慢，为了防止天敌袭击，它们会选择在日出时——如此短暂时间里从树上下来上厕所，因为这段时间无论是夜行动物还是日行动物都不会出来活动。所以，能够见到它们拉㞎㞎的画面是很困难的。

如果见到树懒拉㞎㞎的话那真是超级幸运！无论你是想看还是不想看。

见不到它吃东西

巨型深水虱

生活在食物稀少的深海中的巨型深水虱（大王具足虫），似乎总是等着鲸鱼等死去的尸体沉到海底，依靠这些食物生存。因此，人们认为它演化出了数年都不需要吃东西的能力。在水族馆中，曾有饲养的巨型深水虱连续5年不吃不喝死去的纪录。

是一种充满了许多谜团的动物啊！

见不到它们停下来的样子

白腰雨燕

白腰雨燕由于翅膀构造的原因，飞离陆地非常困难，所以它们总是在天上不停地飞来飞去。即使见到了能够休息的地方，也没有办法停下来，就连睡觉也是边飞边睡，喝水的时候也是从水面上飞过的时候顺带喝水。白腰雨燕的巢建在树顶附近。有实验显示它们有10个月持续飞行的纪录。

传说一样的存在 24

传说中的深海生物

大王乌贼

在广阔无垠的大海中探寻深海生物是非常困难的，就像在宇宙中寻找飞行的火箭一样。那么，深海调查船是如何探索深海生物的呢？它的目的地是深海中有沉积物的地方。就像之前说的，以巨型深水虱为首的各种深海生物为了获得食物而聚集到这里。人们为了更方便采集到深海生物会预先撒一些饵料进行诱集。近些年，深海调查一直在推进中，并观察到了许多新的深海生物，就连传说中的大王乌贼的影像也已记录到。

生活在土里的蛙

紫蛙

2003年在印度发现了一种新的蛙类，它们平时生活在地下3米的地方，一生中只有在两周短暂的雨季时为了繁殖才到地面上来。它们在地下通过捣毁蚁巢取食蚂蚁为生，这是一种非常难得一见的蛙类。

时间与生命的神奇之事 24

周期蝉

几年时间才能见到一次

在种类众多的蝉类中，有一类若虫时期在土中度过，每隔13或17等质数年时再变为成虫的周期蝉。如13年为一周期的称为13年蝉，17年为一周期的称为17年蝉。13和17的最小公倍数是221，所以这两种蝉最短要221年才能在同一年份相遇，它们之间并不会产生竞争。可是，一旦遇见年份重合数量大爆发时，也会变成难以预料的事情。

象龟

出生在很久以前

18世纪的英国探险家詹姆斯•库克访问汤加王室时进贡了一只象龟，一直被养了188年。如果加上捕捉时的年龄的话，人们认为其年龄可能已经超过200岁，远远超越了人类的寿命。

新宅老师的《失败动物 Q&A》

恋爱篇

Q 不受欢迎的动物会怎么样?

在动物世界中，动物会通过决斗的方式来判断谁是最强的。但这并不是说处于第二名甚至更靠后的个体就没有机会交配了，它们还是能够找到配偶的。大雁、野鸭等候鸟在每年1月份左右的时候会聚集在一起相亲。它们不会吵架，每只都有自己的喜好，进行反复的相亲，最后决定配偶。有的很快就找到了合适的配偶，也有的一直到了春天还没有决定下来。虽然可找的配偶数量很多，但有的会放弃求偶，因为太过挑剔以至于单独踏上迁徙之旅。

Q 有放弃养育后代的动物吗?

类人猿中常有这样的事情发生。对于动物来讲，产崽与养育后代是作为本能的一部分，但包括人类以及类人猿在内，大脑上本能的部分被削减了，扩大了适应能力的部分。所以在群体中没有学会这些技能的父母，就不知道该如何交配、产崽以及养育孩子。

Q 动物中也有结婚或离婚的观点吗?

经常被誉为模范夫妻的鸳鸯其实每年都会更换配偶。但是，也有像鹤类这样一生只有一个配偶白头偕老的动物。而鸭类则过着群体生活，它们不需要有特定的配偶。在动物界中，仿佛没有结婚或离婚的观点。

第5章

变身！动物改造大集合！

狗 嗅觉灵敏，是人类的好帮手

狗是人类从狼驯化而来最早的家畜，现在已经成了人类最优秀的伙伴，它的驯化历史可以追溯到2万年前。

最开始或许是因为某个契机，人类从野外捡到了狼的幼崽，然后将它带回家饲养。作为社会群居动物的狼将饲养它的人认作主人并一起生活。人类给它提供食物，而它能够在晚上有猛兽袭击时提前告诉人类，因此人类可以安心地睡觉。

随着人类对狗的品种持续地进行改良，品种多样的狗开始出现。不同品种狗的体重变化能从1千克到100千克，差异大到让人想不到居然是同一种动物，其中还有一些品种被当作工作犬来为人类提供帮助。

其中最有代表性的品种，就是利用狗天生嗅觉敏锐的特点帮助警察搜查线索的警犬，还有比最新医疗器材还厉害的诊断犬，能帮助发

现早期癌症。

这些利用昂贵的高科技感知器都难以检测出来的问题，对于狗来说只要给它们提供相比仪器价格便宜得多的食物便可以轻易得知。

斗犬脖子上带钉子的项圈是专门为看家狗所设计的，以保护它们最容易受到攻击的脖子。

By狗

猫不知不觉中，把马桶里的水都喝了

家猫是在大约8000年前从中东地区的非洲野猫驯化而来。有研究认为，随着文明的进步和农耕的发展，收获的小麦和大米储存到仓库中，人们为了治理仓库中的鼠患开始驯养猫。

猫并不像狗一样是群居动物，所以它的性格中就没有遵从首领或者自己成为首领而守护同伴的习性，因此我们常常会看到它们的脾气是反复无常的。

由于猫是独自狩猎，为了不让自己身体上的气味被猎物发现，它们常常会认真地清理自己的身体。所以猫在吃完饭后一定会从尾到头用舌头将毛全部清理一遍，这是防止在狩猎时猎物溅到身上的血液气味被猎物察觉。

还有，狗连泥水或水坑里的水都喝，但猫只喝新鲜的水。

在猫看来，流动的河水从来不会积存所以肯定很干净，所以它常常会把家里马桶里的水不小心喝掉。

胡须的数量是固定的呢。
By 猫

牛

牛嗝竟然是造成全球变暖的原因之一

家牛的起源是广泛分布于非洲至欧亚的野生原牛，它们大约在新石器时代被逐渐驯养为家畜，而野生的原牛在17世纪时由于滥捕已经灭绝了。

牛有4个胃，这样可以更加高效率地消化植物中的能量。牛拥有哺乳动物中最先进的消化系统，其中之一便是可以将胃中的食物进行反复咀嚼，也就是反刍。

但是，在反刍过程中会产生甲烷，牛可以通过打嗝将甲烷排出。而甲烷所产生的温室效应是二氧化碳的50倍。有的观点认为，现在大气中大约有20% ~ 30%的甲烷气体都是以牛为首的反刍动物打嗝产生的。

虽然斗牛的时候会用一块红斗篷，但我们其实是色盲。

By 牛

猪其实特别爱干净

很多古代的宗教典籍中都会有各种各样动物的描述，其中猪总是被描述成肮脏的家伙。猪那呆呆的样子和好吃的特点，很容易让人们产生这些负面印象。

其实，猪有着很高的智商，狗能学会的那些技能它也能很轻易地就掌握。而且它也讨厌睡在脏的地方，和人一样也会得感冒，很敏感。如果它的叫声再好听一点儿，大概就会给人们留些好印象了吧。

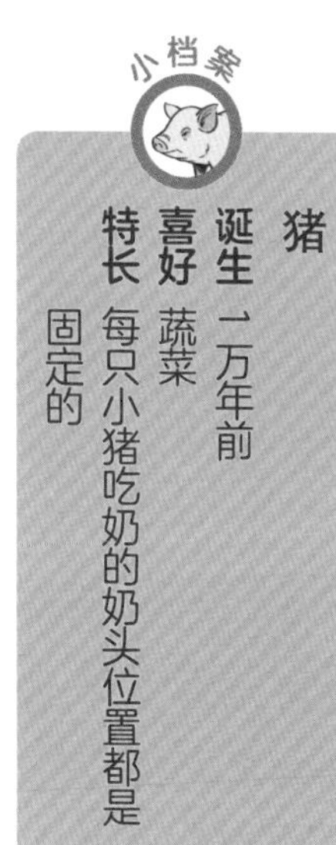

猪

诞生 一万年前

喜好 蔬菜

特长 每只小猪吃奶的奶头位置都是固定的

家猪尾巴的肌肉不发达，所以卷成圆圈，但野猪的尾巴是直的。

By 猪

马

后背痒痒时会告诉同伴，同伴会用嘴巴帮它挠痒痒

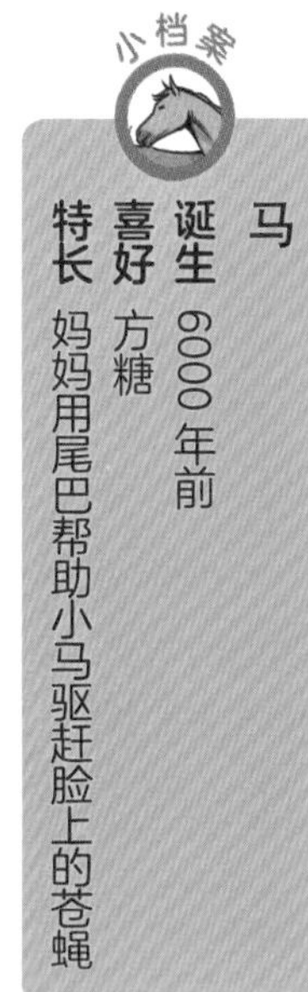

马的性格很神经质，相比山羊、绵羊和猪，它晚了4000年才被驯化成家畜。在火车和汽车被发明出来之前，马是人类最快的坐骑。

在马的近亲中有斑马和驴，但大小和形态不一样，现在马的原型也是小小的、矮墩墩的。

很多四足行走的食草动物如果后背痒痒，就会在沙地上打滚蹭痒痒。但马却很特别，它们背上痒痒时会靠近同类，哪里痒痒，就会用嘴巴挠对方身体相同的地方，这样对方也会在自己相同的地方用嘴巴帮忙。如果自己痒痒的时候没有同类在身边，那可是够麻烦的。

全身都能出汗的动物，只有马、河马和人。但河马出汗不是为了降温而是为了保湿。

By马

驴 不活跃的原因是它固执而阴暗的性格

驴是马的近亲，在大约5000年前从非洲的野驴驯化而来。虽然它的个头比马小，腿也短，但力气很大，可以远距离运输超过自己体重的货物。

而驴并没有马那么受欢迎并不是因为它们的体格，而是性格。马的好奇心很旺盛也乐于社交，驴的记忆力好又聪明，但驴的性格阴暗固执，不会通融。

驴不喜欢被骑，协调性也差。像需要同队友步调一致的两头以上的马车或马术竞技，驴无法参与其中，它的个人主义太强。驴的背后还有像十字架一样的花纹，原来它还是和耶稣曾经有过历史渊源的动物呢。

小档案

驴
诞生 5000年前
喜好 吃得比马少一点
特长 运输重的东西

在日语中，人们以前管驴叫兔马（因为耳朵长）。

By 驴

山羊和绵羊打招呼的方式是用头猛烈地相撞

早上好~

早上好~

咔嚓！

山羊和绵羊有着很近的亲缘关系，它们都是牛科动物。山羊和绵羊分别是从野山羊和摩弗伦羊驯化而来，大约是在8000年前被驯化成家畜。

这些羊有一个共同的行为特征，就是喜欢用头进行激烈撞击。最初这样的行为是为了在战斗中一决胜负，但现在它们在日常打招呼时也会豪迈地跑起来用头相互撞击，即使是擦肩而过也会撞击一下。每次撞击时都会发出沉闷的声音，但这之后它们却表现的像是什么事也没发生过的样子。由于偶尔会有过于激烈的撞击行为，所以它们的头盖骨前端演化出了一定的空隙，这用来吸收撞击时产生的力量。

如果把绵羊的毛剃了，就很难看出和山羊的区别了。

By 山羊和绵羊

骆驼
竞骆驼比赛中还有机器人骑手

骆驼是一种能适应沙漠的酷热和缺水的动物，在中东地区人们称它为“沙漠之舟”，它在很久以前就被人类驯养成坐骑了。

骆驼的驼峰里并没有水，而是充满了脂肪块，这些脂肪在必要的时候可以转化为水分或者能量，非常方便。所以在气温近50℃的沙漠中，骆驼可以好几天都不用喝水。

骆驼好强，不认输，在中东地区流行着类似竞马一样的竞骆驼比赛。骑手越轻对比赛越有利，以前比赛时人们会让小孩儿骑在骆驼身上，而现在已经有瑞士制造的小型机器人骑手了。

小档案

骆驼

诞生 4000年前

喜好 如果让骆驼泡澡的话它能把浴缸里的水全部喝掉

特长 咸水也能大口喝下

虽然是食草动物，但我们有犬齿，很厉害吧！

By 骆驼

鸡和鸭进化成了不利于生存的白色

现在的家鸡和家鸭分别是从原鸡和绿头鸭驯化而来。野生的原鸡和绿头鸭有着漂亮的羽毛，但为什么家鸡和家鸭没有保留祖先的这些特点，而演变成白色了呢?

像北极熊或岩雷鸟那种生活在冰天雪地里的动物，一身白色有利于隐藏自己，但在森林中，纯白色的毛或羽毛就会很显眼，容易被天敌发现捕食。但在没有天敌的家禽世界里，这种不利于生存的变异现象并不会影响它们的生存，所以这种白色的特征就被保留了下来，而且还在许多品种中延续着。

所以，我们现在看到的许多家禽或家畜都是白色的。

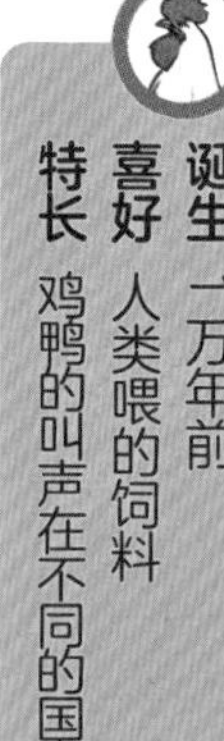

鸡和鸭

诞生 一万年前

喜好 人类喂的饲料

特长 鸡鸭的叫声在不同的国家也会有所不同

鸡冠并不是羽毛的颜色，而是透过血管看到的血液的颜色。

By 鸡

鸬鹚 是潜水达人，游泳很容易感冒

鸬鹚和鹈鹕一样都非常善于游泳，它们比鸭子的脚蹼还多一个，一共有3个脚蹼。另外，鸬鹚还有一个连鹈鹕都没有的特点——鸬鹚的脖子比较长，它的嗉囊就位于脖子上，这个嗉囊类似于一个大袋子，方便它们来捕鱼。正是因为有这样的特点，人们会在鸬鹚的脖子上系一根绳子，用它来帮忙捕鱼，这种传统的捕鱼方法叫“鱼鹰捕鱼”。

擅长潜水的鸬鹚有一个小秘密：一般的水鸟为了不让自己的羽毛被水弄湿，会在羽毛上涂上从尾部分泌出的油脂，而鸬鹚并不会这样去做。因此它的羽毛被水浸湿后就会变沉，方便它在水中自由灵活地潜水捕鱼。一旦它回到陆地上，为了防止感冒就需要让自己的羽毛尽快变得干燥。

小档案

鸬鹚

诞生 1400年前

喜好 相当大的鱼

特长 大量的粪便可以用作肥料

“鱼鹰捕鱼”是在河里的捕鱼方法，不会用在海鸬鹚身上哟。

By 鸬鹚

家鸽
身边的鸽子或许是『间谍』的后代

在公园里或一些车站总能见到鸽子，这些鸽子叫家鸽。它们最早的名字叫原鸽，因为具有回到自己巢中的本能，而被人类驯养利用。

在古代，人们常用信鸽来传递密信，而后在没有邮件的时代，一些报社会通过饲养信鸽来帮助传送新闻速报内容或照片，而现在，世界上依然有很多人用赛鸽来进行长距离竞技比赛。

不少城市都会举办放飞信鸽的活动。所以，我们现在在周边看到的这些鸽子，或许就是过去作为传递密信的鸽子们的后代呢。

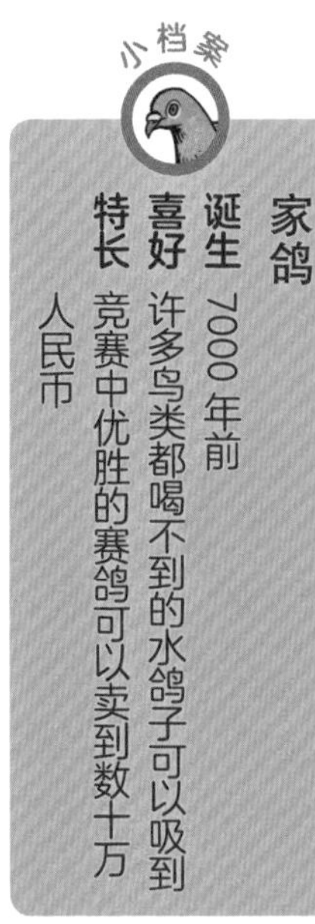

从5000千米外的地方回家也不会迷路，但如果在陌生的地方，100米也回不去！

By 家鸽

虎皮鹦鹉
嗅觉迟钝，但能散发出好闻的香气

小档案

虎皮鹦鹉
诞生 19世纪
喜好 在澳大利亚它们喜欢集群吃树木的果实
特长 雄性的特长就是叽叽喳喳叫个不停

虎皮鹦鹉生活在澳大利亚干燥的荒野上，它们喜欢集群生活。虎皮鹦鹉在1800年之后被人们发现，在明治末期时传入日本。当时传入的虎皮鹦鹉背部是黄色，身体则是青色的，所以当时被叫作“背黄青鹦鹉”。而现在，虎皮鹦鹉已经被驯化出5000种以上不同的品种。

鹦鹉很聪明，如果它们感觉到寂寞的话还会生病。而且，鹦鹉还有一个习性，就是会散发出一种叫作“鹦鹉味”的香气。它的脑门到头部会有一种混合着黄油的稻谷的香味，很多人正是因为喜欢这种味道所以才饲养鹦鹉。嗅觉并不太好的鹦鹉为什么要释放出这样的味道呢？这还是个未解之谜。

鹦鹉和凤头鹦鹉的区别就是看头上有没有头冠，这个名字起得还是很恰当的。

By 虎皮鹦鹉

兔子

不吃便便的话就会死去

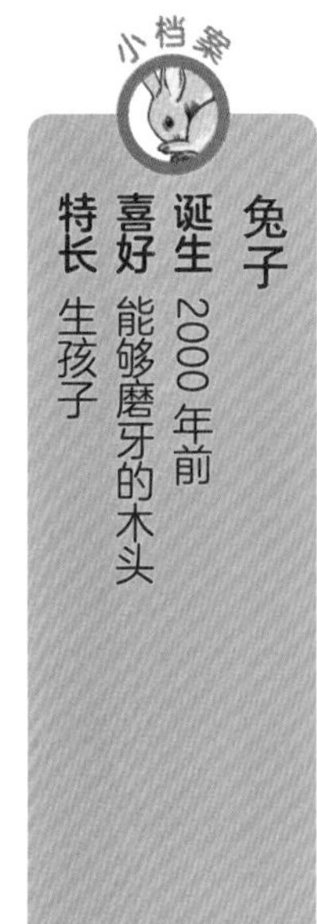

兔子也会将吃过的草重新咀嚼。但它和牛将胃中的东西吐出来再反刍不一样，它是将自己拉出来的便便再吃下去，被称为“假反刍”。

兔子为什么要这样做呢？这是因为它的肠道并不发达，所必需的营养并不能通过一次消化就完全吸收。所以，它们先拉出来的是一串软葡萄一样的便便，它会再次吃下这种便便。再次消化后拉出的便便会像小圆豆一样黑黑的，它们绝不会再把这个便便吃下去了。

除了兔子外，很多食草动物的幼崽都会吃妈妈的便便。不过这并不属于“假反刍”，而是为了从粪便中得到自身并没有的肠道共生微生物，用来分解消化植物，这可是一辈子只能吃一次的妈妈的味道呢。

大耳朵并不仅仅是为了听觉更灵敏，还可以在奔跑时起到降低体温的作用。

By 兔子

仓鼠

作为宠物被人们所熟知，它们有着同一位祖先

仓鼠在日语中称为“绢毛鼠”，这个名字源于它们那像绢一样美丽而柔软的毛。仓鼠的尾巴短短的，身体圆滚滚的，非常可爱，作为宠物在世界上非常受欢迎。

但是，一直到20世纪前半叶，仓鼠都被称为“幻想中的动物”。

在这之后的1930年，探险家在中东叙利亚偶然发现一只雌性仓鼠，并将它带回。这只雌性仓鼠当时处于孕期，之后生下了12只幼崽，从此便作为宠物被广泛饲养。虽然野生仓鼠在此之后再也没有被发现过，但宠物仓鼠的数量却一直在增长。

小档案

仓鼠

诞生 1930年

喜好 不想吃的时候也会往嘴巴里塞东西

特长 掉到水里会把颊囊鼓起来浮在水面上

雌性仓鼠的性格比较暴躁。

By 仓鼠

蜜蜂分工明确，低层的工蜂担任空调的角色

蜜蜂是少数被人类成功驯化的昆虫，可以收集美味又营养的花蜜。蜜蜂是一种有严格阶级分工的社会性昆虫，由数万只组成一个群体，只有一只蜂王，剩下的超过99.9%都是工蜂。工蜂全部是雌性，因受限于蜂王，没法繁殖后代，它们会一直为蜂巢工作直到死去。这些工蜂的工作内容有着高度的组织分化。

刚刚从幼虫羽化为成蜂的工蜂初出茅庐，会先担任清洁工负责打扫蜂巢。积累了些经验后就开始担任空调的角色，它们的职责是将巢内的温度维持在35℃，如果太热了就要不停地扇动翅膀，通过空气流通来降温，太冷的话就要振动自己飞行的肌肉来制造热量。

工蜂一生中最多的时间都被压在巢内工作的底层，担当完空调后还要先后做育儿、修建蜂巢、管理仓库等工作，做完这些之后才能到巢外

去担任营业部的工作——收集花粉花蜜。营业部工作的成败会关系到整个蜂巢的存亡。

工蜂全部都是雌性，而雄蜂，根本不干正事儿。

By 蜜蜂

金鱼前往宇宙时得了航天综合征

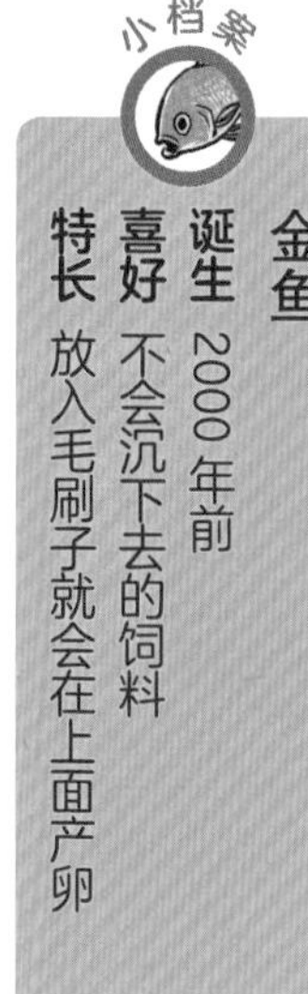

金鱼起源于中国，是在2000年前由鲫鱼驯化而来的观赏鱼品种，古代时从中国引入到日本。随着不断杂交，金鱼出现了眼睛凸在外面的龙眼、脸颊像气球一样的水泡等不可思议的外形。

金鱼也有一些酷酷的经历。宇航员在无重力的条件下会产生晕船的症状，被称为航天综合征。为了研究这种综合征，1994年，日本首位女性宇航员向井千秋带着一只金鱼乘坐航天飞船飞向宇宙，虽然金鱼产生了航天综合征，但之后也能够适应宇宙的无重力条件。

我们的身体的底色是红色，却被称为“金”。

By 金鱼

红鳍东方鲀
虽然有毒却被海豚们咬着玩儿

河豚的名字源于它们生活在河流中，但它的姿态和样子却长得像猪一样。

红鳍东方鲀游泳的速度很慢，性格急躁很容易发生口角，动不动就去咬同伴。虽然它们看上去圆溜溜的很萌，但性格却像是一只大老虎，所以饲养它们要下许多功夫。在日本的长野县，人们已经用温泉水成功繁殖出了没有毒的河豚。

虽然我们会觉得有毒的河豚应该是没有天敌的，但并非如此。就像能给人带来刺激的香烟对人们的意义一样，海豚们也很喜欢轻轻地咬一下河豚看它们鼓起来的样子。

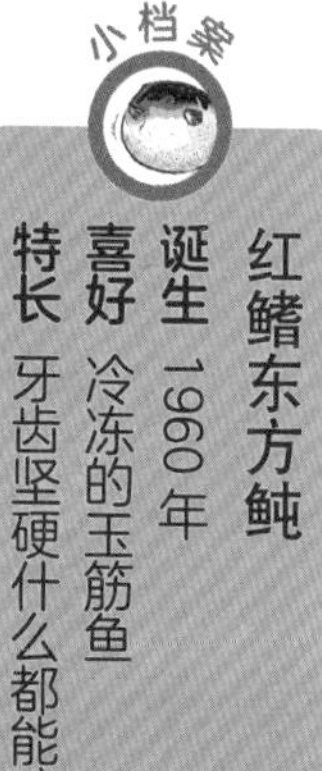
小档案

红鳍东方鲀

诞生 1960年

喜好 冷冻的玉筋鱼

特长 牙齿坚硬什么都能咬

汉字中的海豚说的可不是生活在海里的河豚哟！

By 红鳍东方鲀

动物的抱怨！

奇怪名字动物大集合！

动物的名字，有的很复杂，也有的跟本身完全搭不上边儿，我们来列举一下这些有着奇怪名字的动物。

搞错的名字

双重错误 姬鼩鼱

作为世界上最小的哺乳动物，姬鼩鼱在日文里的名字叫“东京尖鼠”，但它实际上是鼹鼠的近亲。而且在日本姬鼩鼱生活在北海道，并不在东京。也就是说，无论是从分类还是分布上，姬鼩鼱的日文名都犯了错误。

my name is

听起来感觉像冒牌货的名字

my name is

名字和 DNA 分类有差异的动物们

跳兔

跳兔的名字里有兔，但它并不是兔子，而是老鼠的近亲；鬃狼不是狼，而和貉的关系更近；南浣熊不是熊，而是生活在美洲的一类浣熊；獾和鼬是亲戚。类似这样的例子在鸟类、爬行类或鱼类中更是数不胜数。很多动物从外表看非常相似，不是专家的话很难将它们分清，也许动物自己也有可能搞混呢。

看似熟悉的动物名字却完全搞混了

鼯猴

鼯猴并非猴子，它在分类上属于皮翼目，跟灵长类动物一点儿关系也没有。而土豚属于管齿目，和猪也没有一点儿亲缘关系。灵猫的名字里有“猫”字，却并不是猫，在分类上属于灵猫科，这是一类非常原始的食肉动物。当然，薮犬也不是狗，它与狐狸的亲缘关系更近。

确实是很稀少的生物

仿、拟……

仿地蟹、伪蝎、拟天牛、假花瓣蟹、拟棒角蝗……我们经常看到有的动物名字前面带个“拟”“类”或“仿”之类的字，给这些动物起这样的名字，大约是因为看到这些动物和之前已经被命名的动物长得很像吧。这些动物的名字充满了冒牌货的感觉，许多种类却是很稀少的呢，有点儿令人同情。

小熊猫

不是故意要出名的！

说到小熊猫，人们常以为是大熊猫的宝宝。其实大家都误解了，我们看一看它们的长相就会知道它们完全不一样，大熊猫和小熊猫是两个不同的物种。大熊猫看似温和无害，其实人家属熊科，而小熊猫属小熊猫科。大熊猫被誉为“活化石”和“中国国宝”，人气非常旺哦，小熊猫的名字真是不小心蹭了热度和流量呢！

过分的名字

my name is

屎壳郎

谁让自己有这样特殊的爱好呢

这种昆虫大家一定不陌生，它的学名为蜣螂。因为它有非常独特的“爱好”——推屎球行走，所以人们给它起了很多不太雅观的名字，例如屎壳郎、推屎爬、粪球虫等。屎壳郎不但喜欢吃屎，而且爱用屎筑巢。它还会将自己的卵排到屎里面，等待孵化。屎壳郎的力气非常大，别看它身体小小的，但浑身都是肌肉。它能推动相当于自身体重1141倍的物体，是货真价实的第一大力士哦！

在古埃及，人们还将其貌不扬的蜣螂视为太阳神的某种化身，称其为“圣甲虫”，并且在印章、壁画、饰品和护身符上雕刻和绘画蜣螂的形象，以求获得太阳神的庇护和保佑。

哪个说法是真的呢……

这个名字有点儿夸张了……

六角恐龙鱼

这是一种直到成体也会像幼体一样一直生活在水里的隐鳃鲵类的近亲——美西钝口螈。市场上常能见到白化的美西钝口螈，人们俗称它为六角恐龙鱼。其实它不是鱼，更与恐龙没有关系。但人们因为它独特的长相而一直这么叫它。

因为容易被抓到所以被叫作呆子

呆鸥

因为短尾信天翁很容易就被抓到，所以在中文中称它为“呆鸥”或“笨鸟”。其实它们容易被抓到也是有原因的。短尾信天翁的翅膀大，是一种飞行能力很强的鸟。但正是因为它有大翅膀，很难直接从陆地上起飞，所以即使人类靠近，它也很难马上起飞逃走。被起了这些不光彩的名字，短尾信天翁是不是很想申诉提出异议呢?

闻起来确实是这样……

臭大姐

这是个看起来有点“气味”的名字，却是椿象的俗名。因为这种虫子体后有一个臭腺开口，遇到敌人时就放出臭气，所以很多人都不喜欢它，常把它叫作“臭大姐”或“臭屁虫”。这种虫子害怕寒冷，成虫需要在室内越冬，所以人们常常在家中看见它们的身影。

新宅老师的《失败动物 Q&A》

进化篇

Q 基因突变很频繁吗?

如果没有了基因突变，那后代不就全变成克隆人了吗?所谓突变，就是遗传基因出现适度的错误。这些突变多种多样——从小到在表面看不出来的变化到关乎生死的大变化，以及几代之后才会显现出来的隐性变化。生物体外形发生变化的这种突变则需要很长一段时间才会发生。现在地球上繁衍生息的动物们，便是在突变中不断演化而来的。

Q 在那些人们熟悉的动物中，有没有我们容易理解的关于演化的例子?

近7万年前，棕熊开始在北极寒冷的地带居住，颜色慢慢变成了白色，产生了新的种类，就是北极熊。另外，大熊猫属于食肉动物，后来却开始吃竹子，也可以算是向食草动物演化的一个物种。

Q 野生动物和家畜有什么区别吗?

家畜或者宠物，有着帮助人类工作、作为食物、作宠物玩伴的功能，它们都是从野生动物驯化而来，对疾病的免疫力更强。在自然界中可能要经过数万年才能演化而来的新品种，在人类的干预下只需数个世代便能得来。可以说，家养动物们抄了演化的近道。

第 6 章

最强最糟的失败之王大集合

虎

非常厉害的猫科动物，却只能发出『喵喵』的声音……

原本生活在许多地方的老虎，因环境破坏、栖息地减少以及人类捕杀等原因已经成了濒临灭绝的物种。

所以，人们将虎鞭、虎骨当成宝贝，认为它们有神奇的功效，其实这些传说中的功效没有任何科学上的根据。

老虎是猫科动物中厉害的猎手，它们单独狩猎，喜欢在密林中伏击猎物，然后用强有力的前爪控制住猎物。从古至今就经常有人问：老虎和狮子谁更厉害？狮子是猫科动物中唯一会进行群体狩猎的动物，所以它们之间很难比较出来。

但是在恐怖程度上，两者却有很大的区别。

所谓的恐怖程度，就是叫声。狮子在巡视领地的时候会发出巨大的吼声，它们低沉的声音源于它们喉咙的结构。所以狮子的嘶吼咆哮会让

人有一种浑身发紧的恐惧感。

而老虎的喉咙有着和猫一样的结构，不能发出低沉的声音，只能发出像猫一样尖锐，听起来有点儿可爱的“喵喵”声。

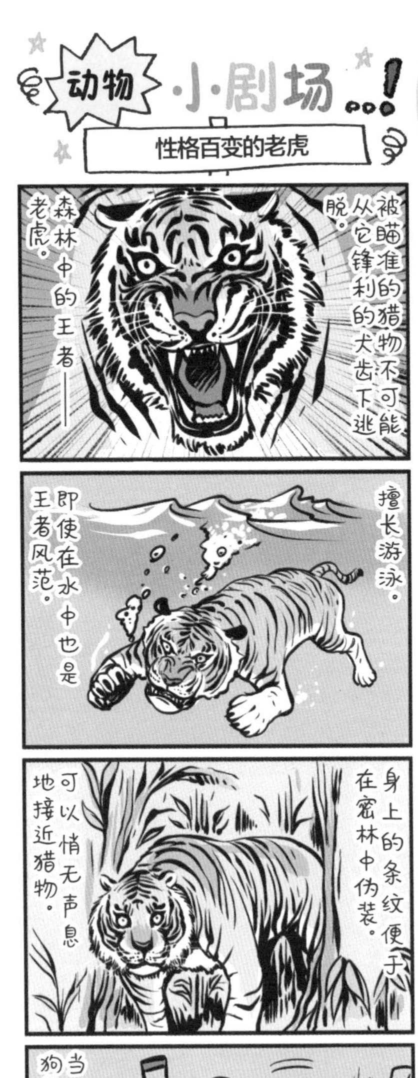

我们老虎是猫科动物中少数喜欢水的动物，因为我们很怕热。

By 老虎

绿雉
盲目自信害自己丢了性命

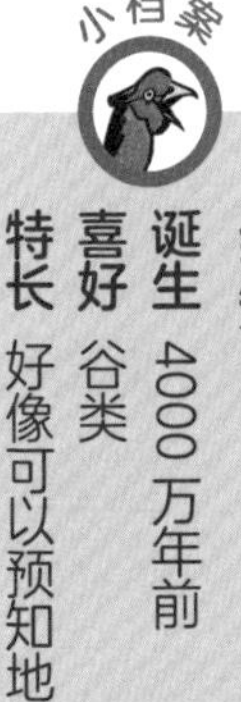

不知道为什么，很多人认为日本的国鸟是朱鹮或丹顶鹤，但实际上是绿雉。在全世界的1万种鸟类中，雉鸡类属于性格狂傲、非常好斗的鸟。它们的足特别粗壮结实，很适合奔跑，而且腿上还有专门用来攻击的距。

不过，雄性的绿雉有一个致命的缺点，就是在宣示领地归属权的时候喜欢大声地“咯咯”叫，由此会给天敌完全暴露自己的位置。

在日本，绿雉虽然是国鸟，但也属于允许合法狩猎的范围。

高卢鸡也是我们雉类的同胞哟，所以凶起来也是很恐怖的。

By 绿雉

鬣羚 人们经常用它来比喻美腿，但其实它的腿又粗毛又多

鬣羚是一种非常原始的食草动物，堪称活化石，是日本引以为豪的珍稀动物，被列为天然纪念物。当年中国把大熊猫送给日本时，日本回赠了鬣羚给中国，那可是与大熊猫不相上下的珍稀动物。

鬣羚在日语中写为“氈鹿”，但它并非鹿，它没有分枝状的角，在分类上属于牛科。而且，它也并不像鹿那样喜欢群居，它更喜欢独自生活。它们喜欢在高山的岩石上或斜面上活动，足力超强！所以人们常常用“像鬣羚一样的腿”来形容女性的美腿，但实际上它的腿又黑又粗，上面长满了浓密的短毛。虽然人类看了实物后会感到很失望，但从鬣羚的角度来看，人们擅自把它的腿搞错也很让它伤脑筋呢。

鬣羚
诞生 1500万年前
喜好 树的嫩芽
特长 攀岩

“像鬣羚一样的腿”说的是生活在非洲的羚羊吧！（生气）

By 鬣羚

闪蝶

正面闪闪发光，背面却很难看

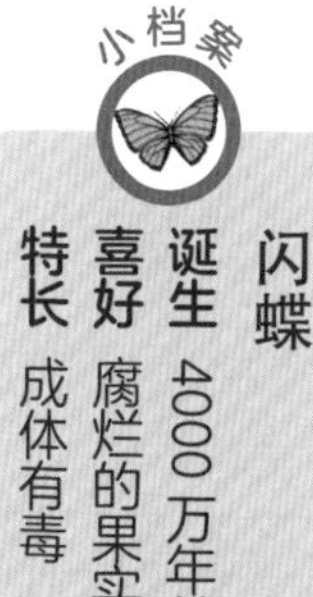

生活在南美亚马孙的闪蝶，因为翅膀有着金属蓝般的颜色而成为世界上最漂亮的蝴蝶。很久以前就有收藏家收集它们的翅膀以作为装饰品。

闪蝶翩翩起舞的姿态非常优美，有“空中的宝石”之誉。雄性闪蝶对领地很重视，如果用银色的纸在空中来回挥舞的话，雄蝶就会飞出来抗争，因为它认为有其他不速之客入侵自己的领地，因此雄性闪蝶很容易被捕捉到。

因受到无序采集及环境破坏的影响，闪蝶的数量在急剧减少，现在它们受到严格的保护。虽然闪蝶翅膀的正面很漂亮，但背面却是拟态枯叶的颜色，非常朴素单调，而且为了威吓鸟类等天敌，翅膀上面还有像眼睛一样的花纹，看起来还有点儿可怕呢。

蝴蝶翅膀的颜色，和自行车反射板的道理一样。

By 闪蝶

龙虱

在空中或水中都非常灵活，但到了陆地上却成了废物

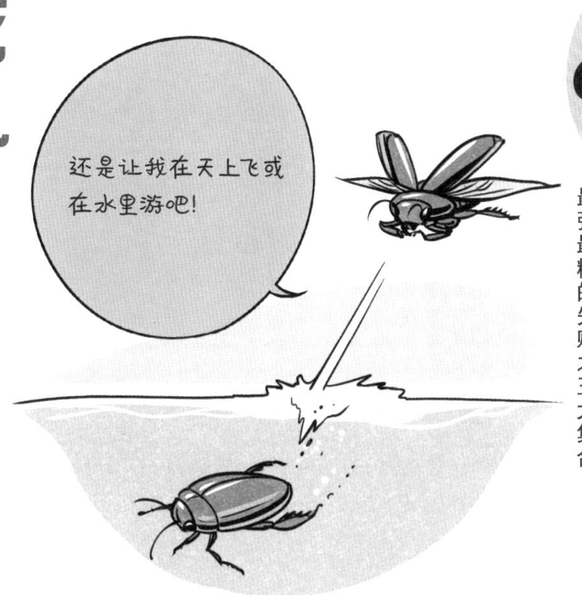

龙虱在日语中写作“源五郎”，明明是个虫子却有个像人一样的名字。

有趣的并不只是它的名字，还有它的生活习性。龙虱为了可以在水中捕食，它坚硬的鞘翅下面可以储存空气，因此它能潜入水中自由地游来游去来寻找食物。别看它的名字有点儿过时，它那呈流线型线条的身体却很像是一台高性能的小轿车呢。

凶猛的龙虱可以捕捉小鱼，有“昆虫中的食人鱼”之称。不仅如此，它们还能在空中飞翔，这时你是不是觉得它们是游走于空中和水下的最强昆虫？其实它们在陆上行动时非常迟钝。日本村庄附近原本常见的龙虱现在也成了濒临灭绝的物种了。

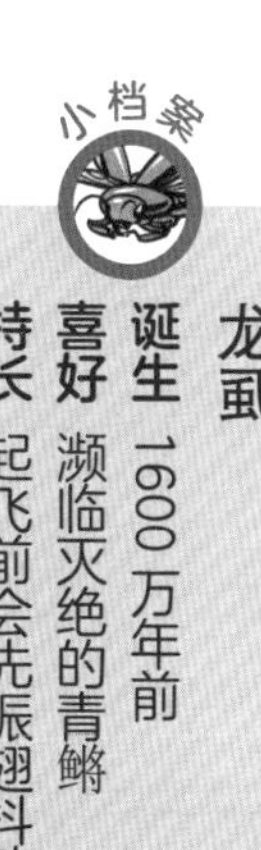

小档案

龙虱

诞生 1600万年前

喜好 濒临灭绝的青鳉

特长 起飞前会先振翅抖动热身

幼虫的嘴巴像注射器一样，可以注射麻药，可是医生哟！

By 龙虱

青鳉
河流中已经没有它们的学校了

青鳉的眼睛很大，位于头部靠上的位置。在日本的江户时代，曾和金鱼一起被作为观赏鱼而受到追捧。

青鳉的学名在拉丁语中指“在稻田中”的意思，经常在水田中出现，和人类的关系非常深。但因生境的破坏及减少，现在已经变成了濒临灭绝的物种。野生的青鳉身体呈近黑色，而我们平时见到的橙色个体是经过人为改良白化后的观赏品种。现在，青鳉的学校因面临少子化问题而到了要关门的地步。

小档案

青鳉

诞生 3700万年前

喜好 孑孓

特长 逆流

在日本新潟县，我被作为制作味噌汁的配料……

By 青鳉

黑猩猩成年后它的脸才会变成黑色

小档案

黑猩猩

诞生 700 万年前

喜好 用木棍钓蚂蚁

特长 用石头打开坚果

黑猩猩在语言的理解力和心理上是与人类非常接近的动物。它们有着很高的智商，也很容易患上心理疾病。在非洲，受到人类感冒的影响，野生的黑猩猩有着灭绝的危险。我们经常在电视、电影以及玩偶模型中看到的黑猩猩总是有一副略显白的面孔，在传达一种“我还需要被照顾”的信号，群体中的成年黑猩猩都会保护它。

在人类的活动中，黑猩猩总是以白色面孔出场。其实成年黑猩猩的脸和大猩猩一样几乎是纯黑色，而它们的力量绝不小于人类。所以，在拍电影时人们都将年幼的黑猩猩用作角色。但看到黑猩猩现在的处境，今后电视中的黑猩猩也会被电脑动画所替代吧。

我们没有掌纹，所以无法占卜命运。

By 黑猩猩

有着像鸡冠一样的莫西干发型
普氏野马

普氏野马
诞生 700万年前
喜好 牧草
特长 向后蹬

普氏野马作为现在家马的野生种类，曾经广泛栖息于亚欧大陆，在法国的拉斯科洞窟石器时代的壁画上也有描绘。我们一般说的野马，只是家马被放到野外的流浪马，而真正的野生动物野马是指普氏野马。在1968年普氏野马在野外灭绝后，人们通过动物园中残存的个体不断进行繁育，并将一部分个体放归于野外，它们现在生活在乌克兰切尔诺贝利周围。

家马和野马的最大区别是它们的鬃毛。与家马软塌塌的鬃毛相比，野马的“莫西干鬃毛”是为了保护自己，因为鬃毛起到触觉的作用，所以野马的鬃毛总是立着，像个朋克。

我们也被称为蒙古野马，但并不是说我们是蒙古的野马哟！

By 普氏野马

日本大鲵

平时看起来像块儿石头一样一动不动，但它进行捕食只需0.3秒

我吃东西很快的。

日本大鲵

诞生 3000万年前

喜好 偶尔蛇也可以打打牙祭

特长 长寿

日本引以为豪的、世界上最大的两栖动物——日本大鲵，自3000万年前诞生以来样子就几乎没有发生过改变，简直堪称活化石。在日本被列为指定的天然纪念物，受到严格保护。日本大鲵可以长到150厘米，因为体形太大，所以它们通过皮肤进行呼吸，因此它们生活在氧气丰富的溪流中。一只巨大的日本大鲵一动不动地在你眼前的时候就像一块儿岩石。它们通过伏击捕食，然后快速将鱼吸到嘴里，那个速度快得就像变魔术一样，鱼连发生了什么都不知道，一瞬间就被吸走了。日本大鲵还能连续数月不进食，寿命超过60年，甚至可能活到100岁。不过，因为河流两岸被混凝土硬化，它们失去了产卵地，现在已经濒临灭绝。

我蜕下的皮是薄而透明的一层膜，滑溜溜的，吸溜一口就吃了。

By 日本大鲵

犀牛
见到火就必须把它灭了

犀牛是一种非常古老的动物，但它们现在正处于能否平安度过21世纪的紧要关头，因为现如今世界上所有种类的犀牛都濒临灭绝，主要原因是人类的捕杀及战争。

犀角被认为有解热作用，能治疗许多疾病，因此人类为了获取犀牛角而猎杀犀牛。但实际上，犀牛角的成分和人类的指甲、毛发含有的物质一样，都是角蛋白而已，在科学上也没有任何证据能证明它可以起到退烧解热的作用。即便如此，对于犀牛的盗猎活动却从没有停止，因为犀牛角在黑市上可以卖到很高的价格。

犀牛角被切掉后就像指甲一样可以再长出来。所以为了防止犀牛被盗猎分子捕杀，保护区的工作人员会将犀牛角割下。

生活在非洲的白犀有一个习惯，见到野火或篝火就会过去把它踩

灭，所以它也有“森林消防员”的美称。

只是，人们还不清楚为什么它们见到火就想把它灭掉。

虽说犀牛角并没有降热的功效，但犀牛确实还能担当消防的任务呢。

用手指抚摸犀牛体表的凸起能让它们安静下来，动物园管这个叫“犀牛催眠术”。

By 犀牛

人类

为了降低体温而没了体毛，现在却还是要用到皮毛

人类的学名是Homo sapiens，意为智人。确实，人类最大的特点就是拥有高智商，但反过来看，可以说我们披着高智商的外表却有着最差的身体。

人类和类人猿是近亲，手指灵活，但没有长时间提起相当于自身体重的握力，这在其他类人猿中并不存在。

因为聪明，人类的大脑很大，虽然可以直立行走，但分娩的时候，相对于这个大脑袋，产道就显得非常狭窄。婴儿很难被直接分娩出来，因此人类婴儿的头盖骨非常柔软，可以向下凹陷方便被产出，可谓是一种奇特的动物。

人类唯一被其他动物羡慕的能力便是降温——通过出汗带走热量可以快速降低体温，因此人类可以长时间快速奔跑移动。

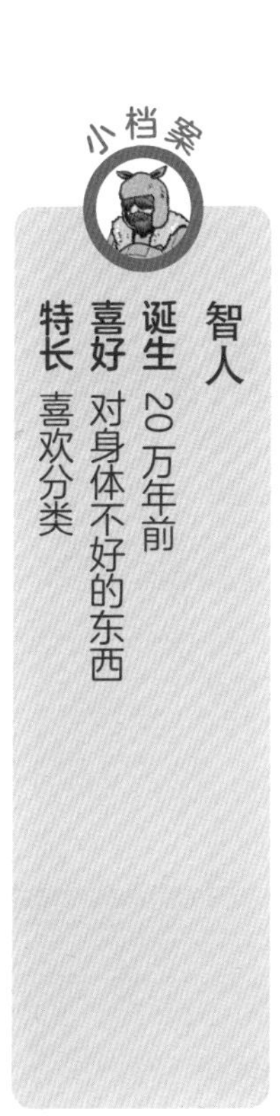

人类为了降低体温而失去了体毛，但寒冷的地方也有人生活，结果为了御寒，人类又需要穿上皮毛做的衣服。

这算得上是动物中最失败的进化了，人类也需要拼命地去克服困难，在进化失败的方面不断地挑战自己。

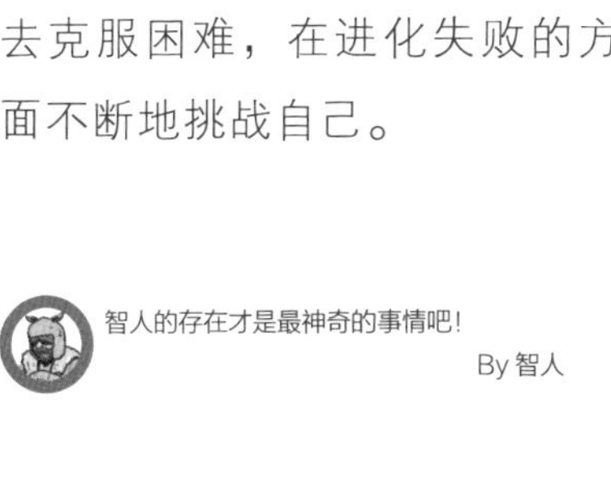

再也回不来了

灭绝动物大集合！

这里有即将灭绝的、只能在动物园里才能见到的，以及已经灭绝的巨型动物们。

快要灭绝了

大熊猫

一次只能养育一只幼崽

大熊猫是一种稀有的动物，在中国也没有几个人在野外看到过大熊猫。野生大熊猫的种群数量在1500头上下，它们孤独地生活在海拔4000米左右的高山中。雌性大熊猫一年中只有几天时间的排卵期可以怀孕，而且雌性大熊猫喜欢漂亮的雄性，对配偶相当挑剔。另外，大熊猫一次大多会产两胎，平均1.7胎，但每次只能养育1只。虽然是濒危物种，但也会发生弃养现象。因此，中国的研究者们会将被弃养的幼崽从巢中偷偷地带走，送到繁育中心进行人工喂养。

有丢卵的行为

朱鹮

在中国数量相当稀少的朱鹮，有两只从中国去了日本，以作为繁殖研究的对象。这两只朱鹮在中国时原本性格不合，但到了日本却马上变得性情相投，它们交配后产下数枚卵。日本的朱鹮种群因此奇迹般地复活了，人们现在甚至还尝试野外放归。但是不知道为什么，朱鹮有用自己的喙将产下的卵丢出巢外的行为。动物跟人类的想法真是相反，它们并不会考虑自己种族未来命运的问题。

快要从动物园里消失了

大猩猩

近年来在动物园里越来越难以见到的动物，被称为“动物园濒临灭绝动物”。受到华盛顿公约保护的动物们不能再随意从野外捕捉，因此只能靠动物园自己维持种群的繁殖。虽然现在在很多动物园都还能见到大猩猩，但却存在着雌雄性别比例失衡的问题，有不能繁殖的风险。即使有合适的数量，也会有性格不合的问题，所以还是没有办法增加数量。

企鹅

企鹅多数生活在以南半球为中心的南极圈地区，这些地区到了夏天也会很寒冷。而在动物园或水族馆中饲养的企鹅，会因为夏天的闷热导致发霉而死亡。因此，在酷热的夜晚，饲养员有时会将它们放到大型的冷库中去。

长颈鹿

一些发达国家的动物园在20世纪后半叶便不再从野外捕捉动物，而是会和世界各国的动物园交换动物并进行人工繁殖以增加数量。从别的动物园引进长颈鹿的时候，为了防止它们突然从卡车的箱子中探出头来撞上电线或桥梁，要事先规划好运输路线。

大象

大象也属于“动物园濒临灭绝动物”。它们产崽的数量有限，而且大象是这其中最容易灭绝的动物之一，即使是熟练的饲养员也必须和团队一起操作。大象的身体里有一个秘密穴位，用棍子压那个位置便可以向它传达指示，即便如此也没办法促进它们繁殖。

已经灭绝的巨型生物

巨齿鲨

能够吃掉鲸的巨型鲨鱼

鲨鱼属于软骨鱼，它们身体的骨骼没法留下化石，所以它们只有牙齿化石。人们根据发现的牙齿化石推测出巨齿鲨的大小，认为它应该能够捕食鲸。但是，这些已经灭绝的巨齿鲨捕食效率太低，它们要消耗很多能量去寻找并捕获猎物。因此现在还存在的一些巨型动物，反而以身边容易获取的磷虾为食，有的甚至干脆去吃草。

哈斯特鹰

能够吃人的巨鹰

在新西兰，据说以前生活着一种翼展近3米的巨鹰。这种鹰的主要食物是一种叫作恐鸟的鸵鸟近亲。而当地的原住民毛利人一直传说它会袭击并捕食人类。

动物中的前辈和晚辈

要尊重长辈哦！

我们人类是在20万年前诞生的，别的动物是什么时候出现在地球上的呢？意想不到吧！这些动物竟然成了我们的前辈或晚辈。

俺是你们的前辈哦！

	有点儿古老啊。 活化石般传说中的前辈们	师父级！必须尊敬！ 爷爷辈儿的前辈，是我们的大前辈
年代	4.5亿~2.5亿年前	4.5亿~6500万年前
事件	鱼类、两栖和爬行类动物出现	爬行动物恐龙主宰地球
出现的动物	蝎子、鹦鹉螺、章鱼、腔棘鱼	捕鸟蛛、海龟、臭鼩、鸵鸟

传奇！我们是

最近的年轻人呀！

这么看来，地球变化很大啊！

板块运动

大陆板块经常运动，会哗啦啦地彼此分离，自然环境也因此发生了很大变化，由此会产生很多危险，一定要小心！

约2亿5100万年前

约1亿9960万年前

要疼爱它们哟。

邻近的前辈，也算是前辈。

前辈们	20万年前	晚辈们
6500万~20万年前		20万年前~最近
恐龙灭绝，哺乳动物主宰地球	人类出现！	地球开始被污染

约1亿4550万~6650万年前

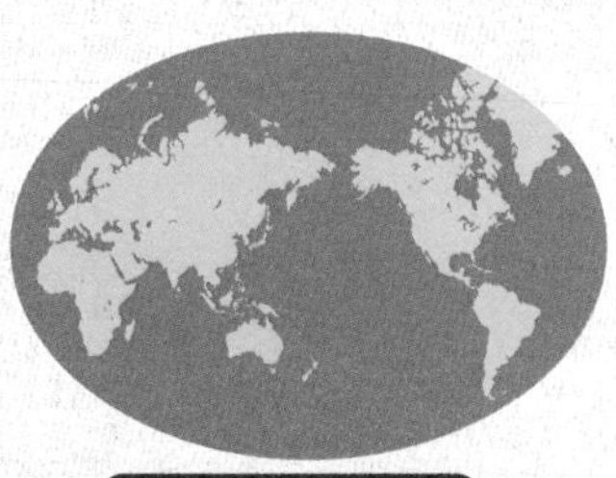

现 在

地球的环境变化是所有事情的关键！

索引

这里把在本书中登场的可爱动物们进行了分门别类。可以在这里找一找你感兴趣的动物哦。

哺乳类

我们和人类同属一个类群，对于环境的适应能力强。由于我们是恒温动物，因此可以进行持续的运动，但能量消耗也大，必须经常进食。

北极熊（白熊） 40
蝙蝠 32
仓鼠 157
长鼻猴 100
长颈鹿 28
臭鼬 80
刺猬 79
大象 52
大猩猩（西部低地大猩猩） 96
大熊猫 64
袋熊 86
非洲猎犬 25
负鼠 126
狗 142
海豹（贝加尔海豹） 47
海狮（加州海狮） 81
海獭 110
海豚（宽吻海豚） 106
河马 30
黑猩猩 175
虎 168
虎鲸 50
獾㹢狓 68
巨獭 67
蓝鲸 127
狼 78
鬣狗 38
鬣羚 171
林羚 88

灵猫 66
琉球兔 69
裸鼹形鼠 128
骆驼 151
驴 149
马 148
猫 144
美洲豹 49
麋鹿 48
牛 146
普氏野马 176
日本猕猴 87
猞猁 46
狮子 22
树袋熊 44
跳羚 70
兔子 156
倭河马 31
犀牛（白犀） 178
驯鹿 24
眼镜熊 57
羊（山羊和绵羊） 150
银色乌叶猴 134
藏酋猴 71
指猴 37
智人 180
猪 147
棕熊 75
座头鲸 108

鸟类

雏鸟与亲鸟关系紧密，卵孵化完成后，大多数亲鸟会一直照顾雏鸟直到它们离巢独立生活。鸟类与哺乳动物同属于恒温动物，但体温较高。许多天敌都以它们的卵或雏鸟为食。

大杜鹃 132
帝企鹅 120
短尾信天翁 98
鸽子（家鸽） 154
虎皮鹦鹉 155
几维鸟 122
家鸡 152
家鸭 152
娇鹟 102
流苏鹬 101

鸬鹚 153
绿雉 170
麻雀 131
鸵鸟 73
乌鸦（大嘴乌鸦） 41
燕鸥（北极燕鸥） 72

爬行类

这个类群中有很多恐怖的肉食者，已经灭绝的恐龙也属于爬行动物。爬行动物是变温动物，所以不能持续运动或做激烈的运动，但它们消耗能量小，饭量也不大，能够忍耐饥饿。

鳖 83
海龟 109
海鬣蜥 82
盲蛇 54
尼罗鳄 76
眼镜蛇 26

两栖类

多数是水陆两栖动物。虽然有四肢可以在陆地上生活，但它们与鱼一样，卵的外表没有坚硬的外壳保护，不能远离水边。

草莓箭毒蛙 124
蟾蜍 104
奇异多节指蟾 135
日本大鲵 177
日本雨蛙 27

鱼类

是脊椎动物中最大的类群。大多数种类每次都能产很多卵，但它们不抚育后代，所以卵常常被其他动物捕食。

多指鞭冠鮟鱇 105
红鳍东方鲀 161
金鱼 160
巨骨舌鱼 36
腔棘鱼 89
青鳉 174

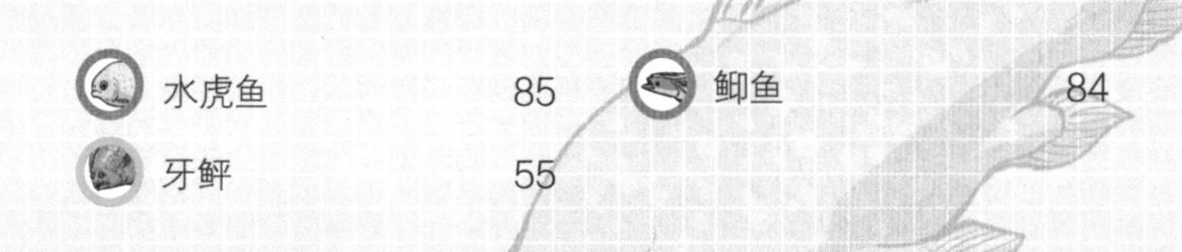

水虎鱼 85

鲫鱼 84

牙鲆 55

无脊椎动物

包括节肢动物、软体动物以及环节动物。虽然较为原始，但生命力顽强还存在着许多谜团。

捕鸟蛛 43

蝎子 112

巨型管虫 42

行军蚁 130

龙虱 173

鹦鹉螺 35

蜜蜂 158

萤火虫 113

蜣螂 99

章鱼 34

撒哈拉银蚁 123

蟑螂（拟态瓢虫蟑螂）56

闪蝶 172

蜘蛛（悦目金蛛） 74

圣诞仿地蟹 103

版权登记号：01-2019-2727

图书在版编目（CIP）数据

进化失败的动物：全2册 /（日）新宅广二著；Ishidakou绘；张小蜂译. —北京：现代出版社，2020.6

ISBN 978-7-5143-8430-7

Ⅰ. ①进… Ⅱ. ①新… ②I… ③张… Ⅲ. ①动物—青少年读物 Ⅳ. ①Q95-49

中国版本图书馆CIP数据核字（2020）第048789号

进化失败的动物　爆笑篇

作　　者　［日］新宅广二
译　　者　张小蜂
责任编辑　王　倩　崔雨薇
封面设计　八　牛
出版发行　现代出版社
通信地址　北京市安定门外安华里504号
邮政编码　100011
电　　话　010-64267325　64245264（传真）
网　　址　www.1980xd.com
电子邮箱　xiandai@vip.sina.com
印　　刷　北京瑞禾彩色印刷有限公司
开　　本　880mm × 1230mm　1/32
字　　数　120千
印　　张　12
版　　次　2020年6月第1版　2022年12月第3次印刷
书　　号　ISBN 978-7-5143-8430-7
定　　价　98.00元（全2册）